乳化沥青冷再生混合料性能
多尺度评价及优化

Multi-scale Evaluation and Optimization for the Performance of
Emulsified Asphalt Cold Recycled Mixtures

汪德才 著

中国建筑工业出版社

图书在版编目(CIP)数据

乳化沥青冷再生混合料性能多尺度评价及优化 ＝
Multi-scale Evaluation and Optimization for the
Performance of Emulsified Asphalt Cold Recycled
Mixtures / 汪德才著. — 北京：中国建筑工业出版社，
2023.8
ISBN 978-7-112-28816-8

Ⅰ. ①乳… Ⅱ. ①汪… Ⅲ. ①乳化沥青－混合料－研
究 Ⅳ. ①TE626.8

中国国家版本馆 CIP 数据核字（2023）第 103708 号

本书共分 6 章，分别是：绪论、冷再生用乳化沥青微细观特性研究、乳化沥青蒸
发残留物获取方法及流变特性研究、乳化沥青冷再生混合料早期性能研究、乳化沥青
冷再生混合料配合比设计方法优化、乳化沥青冷再生混合料性能优化研究等内容。本
书以提升乳化沥青冷再生混合料技术性能为目标，从材料特性与混合料设计入手，基
于不同尺度深入开展材料的性能与关键影响因素研究，优化冷再生混合料设计方法，
提升冷再生混合料技术性能。

本书可供从事公路工程道路建设、维修、养护人员使用，也可供相关专业及大专
院校师生使用。

责任编辑：杜　　洁　　胡明安
责任校对：姜小莲
校对整理：李辰馨

乳化沥青冷再生混合料性能多尺度评价及优化
Multi-scale Evaluation and Optimization for the Performance of
Emulsified Asphalt Cold Recycled Mixtures

汪德才　著

＊

中国建筑工业出版社出版、发行（北京海淀三里河路 9 号）
各地新华书店、建筑书店经销
北京红光制版公司制版
北京中科印刷有限公司印刷

＊

开本：787 毫米×1092 毫米　1/16　印张：9　字数：218 千字
2023 年 7 月第一版　　2023 年 7 月第一次印刷
定价：40.00 元
ISBN 978-7-112-28816-8
（41167）

前　　言

　　乳化沥青冷再生技术是一项符合社会可持续发展要求的绿色低碳筑路技术，具有大比例再生利用沥青旧料、施工便捷、低碳且成本低等特点，现已广泛应用于高速公路、干线公路以及城市道路改建、维修等工程项目中。然而目前由于对该技术仍存在一些认识上的不足，部分服役的冷再生道路早期出现了一些诸如车辙、裂缝及坑槽等病害，同时也发现该材料大多应用于沥青路面基层少部分的下面层，且很少应用于路面更高结构层位，这在一定程度上制约了该技术的推广应用，因此，如何进一步提升乳化沥青冷再生路面的服役性能、延长使用寿命以及应用至路面更高结构层是亟待解决的重要技术问题。

　　本书以提升乳化沥青冷再生混合料的技术性能为目标，从材料特性与混合料设计入手，基于不同尺度深入开展材料的性能与关键影响因素研究，优化冷再生混合料设计方法，提升冷再生混合料技术性能；提出了表征乳化沥青粒径大小及分布特征关键指标及要求，揭示了不同制样方法对乳化沥青残留物微观形态影响机制，推荐了乳化沥青残留物制样方法与评价方法；以乳化沥青冷再生混合料早期性能表征与优化为出发点，明确了乳化沥青冷再生混合料早期性能关键指标、表征方法及控制阈值，提出了基于抗剪性能的最佳乳化沥青用量确定方法，优化了基于旋转压实成型的乳化沥青冷再生混合料设计方法及指标，并通过双参数 Weibull 分布函数建立了不同失效概率下的疲劳方程，基于灰靶理论构建综合评价指标体系，优选了最佳技术方案，也为工程应用奠定了技术基础。

　　全书共 6 章。第 1 章绪论，阐述研究背景与意义，介绍了国内外乳化沥青冷再生技术的研究现状；第 2 章是冷再生用乳化沥青微细观特性研究，介绍了冷再生用乳化沥青微细观特性，基于不同尺度评价分析了乳化沥青物理化学性质；第 3 章是乳化沥青蒸发残留物获取方法及流变特性研究，介绍了乳化沥青残留物的获取方法及流变特性，在分析总结乳化沥青残留物获取方法的基础上，开展不同获取方法下残留物流变性能研究；第 4 章是乳化沥青冷再生混合料早期性能研究，探讨了乳化沥青冷再生混合料的早期性能，主要针对乳化沥青冷再生混合料和易性、内聚力及其影响因素开展研究；第 5 章是乳化沥青冷再生混合料配合比设计方法优化，主要针对乳化沥青冷再生混合料旋转压实成型基本参数、成型温度、最佳用水量以及最佳乳化沥青用量等方面开展研究；第 6 章是乳化沥青冷再生混合料性能优化研究，主要分析评价了再生剂及掺量，玄武岩纤维、SBR 胶乳及布敦岩沥青 4 种技术手段对乳化沥青冷再生混合料技术性能的影响。

　　本书内容主要来自笔者在攻读博士学位期间的研究成果。本书的出版得到了郑州市科技协同创新项目的资助，参考并引用了同行和有关专家的资料及成果，在此一并表示感谢。

　　希望本书能为从事沥青路面乳化沥青冷再生技术研究与工程实践者提供一些有益的参考和启示。限于作者水平，书中难免有一些不足之处，恳请各位专家和广大读者不吝赐教，联系 wangdecai@ncwu.edu.cn 批评指正。

目　　录

第1章 绪　论

1.1　研究的背景与意义

截至 2021 年年底，我国内地公路通车总里程已达 528.07 万 km，其中高速公路 16.91 万 km，我国公路建设成就举世瞩目，极大地改善了公路交通的通行能力，为经济社会进步提供了强有力保障。随着早期修建的公路逐渐进入大中修养护或改建阶段，在大中修养护或改建过程中，公路路面会直接产生大量的路面废旧材料，如何合理、有效地利用路面废旧材料，实现公路养护的绿色低碳，是道路工作者们需要解决的重要问题。路面再生技术具有循环利用资源、节约能源、保护环境等多项优势，通过再生技术对废旧材料循环利用，已成为实现交通绿色低碳发展的重要技术途径，也是行业绿色可持续发展的必然选择。

交通运输部印发《"十四五"公路养护管理发展纲要》的通知中明确提出资源循环利用效率的具体目标：高速公路、普通国省道沥青路面材料循环利用率分别达到 95％、80％以上，大力推动废旧路面材料、工业废弃物等再生利用，提升资源利用效率。按照我国高等级沥青路面设计寿命 12～15 年初步估算，每年列入大中修养护或改建的公路项目所产生的旧沥青混合料将达到 6000 万～7000 万 t，这个数字在今后一段时期仍呈现加快增长趋势。这些沥青旧料若不能有效回收利用，不仅是巨大的资金和资源浪费，还会造成环境污染，达不到节能减排的效果。可见，在我国推广应用沥青路面再生技术已势在必行。

美国沥青再生协会将沥青路面再生技术分为五类：冷铣刨（Cold Planing，CP）、热再生（Hot Recycling，HR）、就地热再生（Hot In-place Recycling，HIR）、全深度再生（Full Depth Reclamation，FDR）以及冷再生（Cold Recycling，CR）。而我国《公路沥青路面再生技术规范》JTG/T 5521—2019，根据国内道路特点，将沥青路面再生技术划分为 4 类：厂拌热再生、就地热再生、厂拌冷再生、就地冷再生，其中就地冷再生技术按照再生材料和厚度的不同又分为沥青层就地冷再生、全深式就地冷再生两种。4 种沥青路面再生技术都有相应的技术特点及适应性，而冷再生技术相比热再生技术而言，可大比例循环利用路面旧料，对于环境保护和资源节约有更加积极的意义。沥青路面冷再生技术一般是采用乳化沥青、泡沫沥青、水泥、石灰粉或者粉煤灰等作为再生剂。其中，以乳化沥青作为再生剂的沥青路面冷再生技术在国外沥青路面养护维修和升级改造中已经得到较为普遍的应用。美国高速公路及交通运输协会相关研究表明，乳化沥青冷再生技术具有较高的成本效益，不仅可以提高道路等级，保持道路净高，重建道路轮廓，而且能够降低修建费用，重复利用现有材料，节约资源，保护环境，消除沥青面层的车辙、拥包、裂缝和松散等病害。

鉴于乳化沥青冷再生的环保、技术及成本效益等优势，近年来应用于高速公路及干线公路的大修、养护工程项目逐年递增，研究者对此项技术高度关注。由于对该技术认识不足，部分服役的冷再生路段出现了一些诸如车辙、裂缝及坑槽等早期病害；从目前乳化沥青应用于路面结构层位来看，位于基层或下面层居多，很少应用于路面更高层位，在一定程度上限制了该技术的推广与发展，因此，如何进一步提升乳化沥青冷再生路面的服役性能以及应用至路面的更高结构层位是亟需解决的问题。本书以提升乳化沥青冷再生混合料的技术性能为目标，从材料特性与混合料设计入手，基于不同尺度深入开展材料的性能与关键因素研究，完善优化冷再生混合料设计方法，提升冷再生混合料技术性能，对于全面深入地认识该项技术具有重要的理论和工程应用价值。

1.2　国内外研究概况

1.2.1　冷再生用乳化沥青及残留物特性研究现状

1990 年，JO Agnusdei 等人采用一组阳离子和阴离子乳剂对其流变性能和温度敏感性进行研究，认为乳状液流变行为的复杂性随着沥青含量增加而增加，并且一些乳状液的温度敏感性超过通常推荐的温度敏感性，试验表明在制造过程中使用乳化剂不会改变流动性能和温度敏感性。

2000 年，K Takamura 等人制备了含丁苯胶乳的阳离子沥青乳液，并在典型应用温度下对其干燥过程进行了研究，在环境和压力下的干燥速率结果表明，水从乳状液表面自由蒸发，达到约 90% 固体时完成；光学显微镜观察结果显示，在干燥的沥青颗粒中有一种微小的乳胶聚合物网络自发形成。

2005 年，Gingras J P 等人采用胶体磨考察了沥青、固含量、乳液黏度、转速及温度等工艺参数对乳液粒径的影响，认为乳化过程中乳液黏度、转子转速和固含量对液滴尺寸有显著影响，提出了一种新的预测粒径的关联式。

2010 年，Yang Jinbo 等人研究表明乳化沥青中的乳化剂可延缓水泥水化过程，它们之间会形成一个内部穿透的网状系统。

2012 年，Fazhou Wang 等人采用激光衍射粒度分析仪测量两种乳液粒径的变化，评价其贮存稳定性、冻融稳定性和机械稳定性，当非离子型乳化剂的剂量从 0.4% 增至 0.8% 时，颗粒尺寸和其增加幅度分别都减小，乳化沥青更稳定。

2012 年，H. P. Li 等人首先对沥青改性，然后乳化处理进行稳定性能研究，结果表明当配方为主乳化剂 0.3%，辅助乳化剂 0.2%，改性剂和稳定剂分别为 3%、0.2% 时改性乳化沥青具有良好稳定性。

2013 年，NM Wasiuddin 等人基于 DSR 研究了 20 种不同乳化剂的乳化沥青残留物流变试验和弹性恢复的关系，在 2%～52% 的应变扫描试验中，发现硬沥青制备的乳液具有较低的应变容限，从多个应力分析认为，蠕变应力与回收率之间的关系是负对数关系。

2015 年，RM Islam 等人研究了 5 种残留物恢复方法，包括不同固化时间、温度和真空压力对恢复过程中乳化沥青残留物流变特性的影响，定量分析车辙因子、相位角和应变恢复率；研究了一种利用真空干燥炉的新方法，减少了氧化衰老影响和减少恢复时间到

6h，这种新方法使我们能够清楚地识别聚合物的存在。

2015 年，Jinyu Pang 等人基于流变学方法研究了乳化剂含量对沥青乳液性能的影响，采用三种乳化剂进行温度和频率扫描试验，结果表明乳化剂含量对乳化沥青的性能有明显影响，在一定温度和频率下，黏度和模量都增大。

2015 年，SH Cho 等人采用 DSR 试验对 SS1HP、HFE90 和 SS-1VH 三种乳液残留物进行流变特性研究，绘制出了乳液剪切模量主曲线，结果表明 HFE90 黏性弹性行为的转变发生在较低温度下，SS-1VH 呈现黏性和弹性模量最高。

2017 年，Z Wang 等人采用紫外可见分光光度计对水泥乳化沥青混合料吸附性能进行定量研究，并成功地获得了吸附速率；利用扫描电子显微镜（SEM）和偏光显微镜（PM）对胶粘剂的微观形貌进行了观察。结果表明：胶粘剂的初始黏度随着水泥掺量和停留时间的增加而增大；800nm 波长是测定乳化沥青和水泥吸光度的最佳方法；吸附率随水泥掺量和停留时间的增加而增加；提出的吸附动力学模型可定量地评价不同水泥含量和不同放置时间的水泥与乳化沥青的吸附速率。

2004 年，孔宪明等人分析讨论了几种获取乳化沥青残留物的方法，指出当乳化沥青中含有较多轻质成分或基质沥青抗老化性能较差时，按这些方法所得残留物的分析结果将偏离实际。

2006 年，蔺习雄等人对乳化剂类型、储存温度及 pH 开展了 SBR 胶乳改性乳化沥青稳定性研究，认为粒径为 $1\sim10\,\mu m$ 的乳化沥青具有较好稳定性。

2008 年，王红等人认为乳化剂分子结构影响乳液稳定性。

2011 年，刘国祥等人分析了 ASTM 现行测定与回收乳化沥青残余物方法，根据设备投资费用、试验时间与温度以及试样量对诸方法进行了对比和评价。

2012 年，徐光霁采用 EN13074 获取硬质乳化沥青残留物，对流变性能重点研究，并与常规和软质乳化沥青残留物进行对比分析。

2012 年，刘好等人研究乳化剂用量对改性乳化沥青性能的影响，得出随着乳化剂用量增加，界面张力降低，稳定性增强，能增加乳化沥青稳定性，但过多的乳化剂用量会降低造成残留物延度、软化点及弹性恢复指标。

2013 年，赵品晖等人基于激光衍射技术研究了 5 种因素对阳离子乳液粒径的影响，认为乳化剂种类显著影响乳液粒径分布，随乳化剂用量增加粒径减小，同时也指出平均粒径与稳定性有良好相关性。

2013 年，于洋等人将乳化沥青残留物三大指标与被乳化前的 A-70 三大指标进行对比，分析乳化剂对沥青性能影响的因素，提出乳化剂选用不当导致影响乳化沥青材料性能，乳化剂用量和种类都会改变沥青乳化后各项指标，而对沥青延度影响较大，软化点基本不受影响，而对针入度有一定的影响。

2014 年，田尚斌等人对比分析了乳化沥青残留物获取方法，提出采用低温蒸发获取乳化沥青残留物时应针对使用不同乳化剂制备的乳化沥青设置蒸发温度及时间。

2015 年，李忠玉等人基于光学显微镜对乳化沥青粒径大小及分布进行了观察分析，认为乳化沥青粒径与储存稳定性密切关联。

2015 年，崔东霞等人针对冷再生乳化沥青体系，考察了阳离子乳化剂、阳离子乳化剂与非离子乳化剂复配对乳化沥青残留物流变性能的影响。

2016 年，弓锐等人针对 4 种乳化剂生产的乳化沥青指标检测和拌合试验的比较分析，得出慢裂中凝型乳化剂生产的乳化沥青更适合进行冷再生。

2016 年，陈文选取不同种类乳化剂进行冷再生用乳化沥青配方研究，得出复配型乳化剂比单一型乳化剂具有更好的乳化效果，乳化剂用量提高能增加稳定性。

2016 年，牛晓伟等人对乳化沥青残留物获取方法进行整理分析，提出应针对不同乳化剂制备的样品设置不同的低温蒸发时间和温度，快速获取残留物可通过添加破乳剂的方式。

综上所述，目前的研究主要集中在乳化沥青开发与性能评价及影响因素等方面，鲜少提及乳化沥青微观特性及多尺度评价等方面，尤其是从微观层面表征评价冷再生用乳化沥青性能，也未见残留物在不同获取方式下微观形貌变化及机理分析的报道；残留物获取方法及流变特性研究主要集中在不同残留物获取方法间的差异分析、新方法研究以及残留物获取因素对流变性能的影响，鲜少研究不同类型残留物应采用的具体获取方法、评价方法及指标。

1.2.2 冷再生混合料早期性能及设计方法研究现状

1989 年，Gunnar Hillgren 等人基于旋转压实成型对乳化沥青冷再生混合料设计方法进行研究，提出了相对完整的冷再生混合料设计指标及流程，认为设计次数并不需要固定，而是压实过程中混合料密度达到目标密度（旋转压实 200 次后的密度）的 96% 时对应的次数。

2008 年，Wu Chao-Fan 等人探讨了乳化沥青冷再生混合料设计方法，6 种不同含量的 RAP 测试结果表明，水分 95% 的损失或更多能在 60℃ 下 72h 来实现；最佳含水量遵循最大密度原则，大概是混合料的 5%～9%；最佳乳化沥青用量可以由马歇尔试件在 25℃ 的最大稳定度或间接拉伸强度，采用干或湿的样品来确定；4 种方法测试的乳化沥青最佳用量的差异可以忽略不计，大概是混合料的 3.8%～5.2%。

2002 年，Masad E 等人研究表明 60℃ 的养护温度，会加快沥青结合料的老化与破坏过程。

2012 年，Claudio Brovelli 等人测试了乳化沥青冷再生材料行为。基于流变学分析来评价对再生路面的恢复影响；然后提出了标准的再生混合设计程序。最后考虑压实温度的影响。得到的结果表明：所提出的配合比设计方法允许增加组分对混合物行为的作用；温度和沥青所占比例影响再生；温度的升高严格依赖于沥青所占比例。

2012 年，MJ Martinez-Echevarria 等人针对室内试验样品通常比在现场获得样品的密度更高的问题，设计了一个能在实验室压实制造试验样品的程序，其试验样品密度接近现场密度，通过比较现场取芯与实验室取芯的动态模量设计值，其研究结果验证了新的压实过程正确性。

2012 年，J. Piratheepan 等人研究了水泥稳定粒料圆形试件内聚力和内摩擦角的求解，其表达式具有较好的精确性。

2017 年，J Yan 等人为探讨乳化沥青冷再生混合料与各种水泥含量的早期强度、长期性能以及两者间的相关性，对冷再生混合的早期强度表征分别基于 Hveem 内聚试验和磨耗试验分别测定内聚力和损失率，长期性能主要包括水稳定性、高温稳定性和低温抗裂性。结果表明，冷再生混合料中加入水泥对其早期的强度和长期的性能都有积极的影响，早期强度和长期性能之间存在很强的线性相关性。

2013 年，周源通过室内试验表明添加适量的生石灰可以增加乳化沥青冷再生混合料的强度，并能缩短养护工期。

2015 年，王火明等人基于瑞典的 NYNAS 工作性试验仪来评价乳化沥青冷再生混合料施工和易性，得出和易性良好的冷再生混合料芯样更容易取出，路用性能更优。

2016 年，耿九光等人提出通过加入早强水泥的方法改善乳化沥青冷再生混合料早期强度，能显著缩短工期。

2016 年，李锋等人基于粘结力试验和磨耗试验对乳化沥青冷再生混合料早期强度与水稳定性能进行研究，发现随着水泥用量增大，早期强度和水稳定性能增加，但会降低低温性能。

2016 年，陈海民等人通过分析现有冷再生设计方法，认为基于早期内聚力、抗磨耗及取芯试验可选择最佳乳化沥青配方。

2016 年，张迪等人针对养护期的乳化沥青冷再生混合料强度与疲劳损伤开展研究，试验结果表明含水率指标可评价养护期内混合料强度、模量及疲劳损伤特性。

2017 年，周水文等人通过 ASTM D7196-06 扫刷试验方法研究了 4 种因素对乳化沥青冷再生混合料早期磨耗性能的影响，认为该方法的压实次数与养护方式需要进一步改进。

2006 年，严金海总结分析了国内外现有冷再生混合料相关设计方法，确定采用马歇尔设计方法与 Superpave 设计方法，并制定了乳化沥青冷再生混合料的室内试验标准。

2012 年，刘娜针对沥青稳定类冷再生混合料配合比设计进行系统研究，基于间接拉伸试验、无侧限抗压强试验、贯入试验及三轴试验提出了冷再生混合料三阶段设计方法。

2012 年，于浩研究了乳化剂与沥青间的配合比及混合料设计等问题，提出了乳化沥青配方设计原则及混合料设计流程，其流程主要包括项目级乳化沥青配方设计与混合料设计两个步骤。

2013 年，荣丽娟基于土工击实、15℃劈裂及马歇尔稳定度试验对乳化沥青冷再生混合料配合比设计进行优化，提出采用最佳含水量确定最佳乳化沥青用量的方法。

2013 年，许严等人考虑 HMA 铺筑对冷再生层的"热压实"作用，分析了土工击实法确定含水量的不合理性；推荐采用 40℃马歇尔稳定度指标确定最佳乳化沥青用量。

2013 年，马永锋开展了乳化沥青冷再生混合料和易性、早期强度与养护时间等研究，优化了基于马歇尔成型方式的配合比设计方法。

2014 年，李艳奇基于旋转压实方法研究了乳化沥青冷再生混合料配合比设计，认为旋转压实 50 次与击实试验 98 次密实度相近，在 40℃烘箱中养护 48h，然后自然养护 24h 的养护条件与现场接近。

2014 年，马川义对乳化沥青冷再生混合料养护方式进行了研究，认为 40℃烘箱条件下养护 72h 的方式更符合实际，并优化了马歇尔方法设计方法。

2014 年，苏志翔等人对的最佳含水率 OWC 确定方法以及成型的养护温度进行改进，得出最佳流体含量 OFC 作为乳化冷再生混合料外加水的控制指标优于规范的最佳含水量 OWC 指标；将养护温度提高至 110℃时，可以获得满足规范要求的结果，并能提高效率。

2015 年，王宏等人利用工业 CT 的无损检测技术和 VG 软件缺陷检测功能研究了 25℃、40℃及 60℃养护温度下乳化沥青冷再生混合料的空隙分布规律，认为 60℃的养护温度下试件最终强度比现场路面最终强度稍大；相比 40℃养护，60℃养护温度下马歇尔试件的空隙率没有改变，但其内部的细微观空隙分布特征产生了显著变化；推荐冷再生混合料采用 40℃进行室内加速养护。

2016 年，高磊根据乳化沥青冷再生混合料压实曲线特征，提出初始压实能量指标 PCEI 和设计压实能量指标 SCEI，用于评价乳化沥青冷再生混合料的压实特性；利用 X 射线断层扫描技术分析乳化沥青冷再生混合料的微观结构；采用 Arcan 断裂试验评价乳化沥青冷再生混合料的复合型抗裂性能，得出该混合料具有较大破坏应变与较小的失效应力，有利于抗裂性能的提高；在较低应力比条件下比热拌沥青混合料表现出更好地抗疲劳性能。

2017 年，刘慧琴基于 5 种不同的成型方式，通过工业 CT 无损手段研究了乳化沥青冷再生混合料细微观空隙分布特征，得出成型方式对冷再生混合料颗粒取向影响显著，其中旋转压实与振动成型两种方式与路面取芯试件中颗粒取向角最接近，轮碾成型方式与实际相差最大。

综上所述，沥青路面冷再生技术是在 20 世纪 80 年代末期才真正开始发展，在很长一段时间里，冷再生混合料设计都处于探索阶段。随着技术研究的不断深入，冷再生应用规模不断扩大，全球许多国家和地区都有相应的乳化沥青冷再生混合料设计方法，但未形成统一规范，主要集中在设计原理、成型方法、设计指标及标准等方面存在的差异性。大部分研究集中于马歇尔方法体系，旋转压实方法研究相对较少，在压实参数、养护方法及设计指标等方面仍有不少争议，并未考虑压实特性、环境温度等因素的影响；关于乳化沥青配方设计及早期性能的研究虽有一些文献涉及，但大多借鉴国外的试验方法围绕性能进行评价分析，并未真正考虑冷再生混合料设计指标。

1.2.3 冷再生混合料性能优化研究现状

2007 年，L. E. Cha'vez-Valencia 等人为提高冷拌沥青（CMA）的抗压强度，研究聚乙酸乙烯酯乳液（PVAC-E）加入阳离子快凝乳化沥青得到改性的沥青乳液，并与当地一种集料混合得到两种类型的 CMA。混合 I 型使用沥青聚醋酸乙烯酯（A-PVAC）粘结。在 II 型混合时，A-PVAC 胶粘剂呈层状前，集料覆盖有稀释的聚合物 PVAC-E。因为聚乙酸乙烯酯的微粒良好地分散在改性 CMA II 型上，试样的抗压强度提高 31%。

2011 年，M. Bocci 等人考虑养护条件、温度和含水量对水泥沥青处治材料（CBTM）的力学行为的影响。对意大利 A14 高速公路的回收材料进行取样，并采用循环间接拉伸试验对反复加载后的效果以及养护和温度对刚度的影响进行了评价。水敏感性采用间接拉伸强度测试方法进行评估。CBTM 的温度依赖行为定义了一个简单的模型来预测劲度模量与养护时间和温度的关系。此外，抵抗反复加载的能力被证明是对被测材料的力学特性的重要因素。

2012 年，Yongjoo Kim and Hosin David Lee 提出了一种 CIR-emulsion 新的混合料设计方法。作为 CIR-emulsion 混合料设计过程的一部分，对动态模量、流值、流动时间及磨耗损失进行测试，以评估 CIR-emulsion 混合物在不同的测试温度和负载条件的短期和长期的性能。使用 CSS-1H（快凝阳离子乳剂）均较 HFMS-2P（中凝改性乳化沥青）具有更高的动态模量，流值和流动时间。使用 RAP 材料较软的残余沥青的混合料比使用 RAP 材料较硬的残余沥青的乳化沥青混合料拥有更高的流值与流动时间。动态模量、流值和流动时间均受到乳化沥青类型、旧沥青老化程度的影响。1.5%乳化沥青的磨耗损失明显小于 0.5% 和 1.0%。

2013 年，A. Stimilli 等人对大掺量沥青旧料的厂拌冷再生混合料用于高速公路路面下面层的潜在能力进行了评估分析，并通过两段试验段对利用水蒸气和乳化沥青的独特的拌合工艺进行了研究。而在第三段试验路中，应用了掺加 30% 沥青旧料且同样厚度的沥青混凝土。通过三段试验路芯样及室内试件的测试，对混合料的体积参数、劲度、永久变形及疲劳性能进行了深入研究。力学特性测试结果表明：冷再生混合料表现出较低的劲度模量与较差的抵抗重复荷载能力，但比沥青混凝土抵抗永久变形能力好，这种行为是由于水泥胶浆的存在而降低了温度敏感性和沥青黏性。

2017 年，Juntao Lin 等人对旧料掺量为 100% 乳化沥青冷再生混合料动态特性进行了研究，结果表明乳化沥青冷再生混合料是一种黏弹性材料，在早期和完全固化阶段，它具有时间-温度依赖性，但黏弹性明显弱于 HMA；采用汉堡车辙试验证明乳化沥青冷再生混合料具有很好的抵抗永久变形能力，但疲劳寿命仅为普通沥青混合料的 1/10～1/5。

2014 年，裴金荣选择了纳米粉体材料 TiO_2 作为乳化沥青改性剂，开展流变性能、高低温性能以及抗疲劳性能等方面研究，取得了良好效果。

2014 年，李茜针对冷再生方法进行深入研究，提出了一种在常温条件下使用再生剂、乳化剂及改性剂对 RAP 进行再生的方法，其性能优于普通冷再生混合料。

2014 年，董文龙等人将乳化沥青冷再生混合料（ECR）、热拌普通沥青混合料（HMA）及两者组合（ECR/HMA）共三种结构形式，采用 MMLS3 小型加速加载设备在 60℃ 试验条件下进行试验。研究发现，三种结构的车辙总变形量可采用加载次数和对数曲线很好地进行拟合，最终车辙总变形量的大小顺序为 ECR＜ECR/HMA＜HMA，ECR 高温抗变形性能要优于 HMA，表现为压密变形。

2015 年，李锋等人基于半圆弯曲 SCB 试验分析研究了乳化沥青冷再生混合料低温性能，推荐了低温评价指标断裂能密度及相应技术要求。

2015 年，刘伟等人采用 UTM-25 和 MTS-810 试验机开展了 4 种不同类型乳化沥青冷再生混合料的动态模量和抗压回弹模量试验，得出温度和频率对动态模量影响显著，而围压影响不显著，水泥和新集料对动态模量在低频（高温）条件下影响显著，而在高频（低温）条件下影响不显著。

2015 年，韩庆奎等人研究了 SBR 胶乳对乳化沥青冷再生混合料低温性能的影响，试验表明 SBR 用量增加提高了混合料的弯曲劲度模量及弯拉强度，增大了弯拉应变，当 SBR 用量为 3% 时，混合料具有良好低温性能。

2016 年，马露露基于弯曲破坏试验与间接拉伸试验，研究了乳化沥青用量、试验温度、水及水泥对乳化沥青冷再生混合料低温性能的影响，并分析了破坏强度的变化规律。

2016 年，李亚菲研究了不同用量的水性环氧树脂对乳化沥青冷再生混合料中早期强度与耐久性的影响，发现水性环氧树脂能显著改善混合料早期强度、高低温性能及耐久性。

2016 年，李敏采用 SPT 测试了不同水泥和泡沫（乳化）沥青掺量的冷再生混合料的动态模量，进行了试验温度、加载频率、水泥剂量、泡沫沥青用量的方差分析，并根据时间-温度等效原理拟合得到 20℃ 参考温度下的动态模量主曲线。

2016 年，张映雪等人探讨了添加煤矸石和煤矸石灰对于乳化沥青冷再生沥青混合料性能的影响，得出混合料中掺入煤矸石及煤矸石灰后，提高了再生沥青混合料的马歇尔稳定度、抗拉强度等力学性能和耐久性。

2016 年，刘亮基于凝胶色谱、红外光谱及接触角测试分析了 RAP 表面特性，得出 RAP 经过三氯乙烯，硅烷偶联剂改性 $Ca(OH)_2$ 浆液处理后，制备的混合料性能有明显改善。

2016 年，陈诚等人基于室内试验研究得出橡胶粉改性乳化沥青用于冷再生混合料中，能显著改善混合料早期强度、低温抗裂性与疲劳性能。

综上所述，关于普通乳化沥青冷再生混合料性能及评价方面研究较多，改善乳化沥青及其冷再生混合料所开展研究与工程实践也有涉及，目前具体技术手段主要集中在添加水泥、石灰以及改性乳液等方面，关于乳化沥青冷再生混合料性能优化的具体技术手段鲜少涉及再生剂、玄武岩纤维、布敦岩沥青改性方式的深入研究，也未在基于旋转压实成型优化设计方法后开展系统研究及综合性能评价，因此，系统开展乳化沥青冷再生混合料性能优化及评价方面的研究对其工程应用具有非常实用的参考价值。

1.3 技术内容与结构框架

在参照国内外最新研究成果的基础上，通过室内试验与理论分析，深入开展冷再生用乳化沥青微细观特性及关键影响因素、冷再生混合料早期性能、配合比设计方法及性能优化等方面研究。

（1）冷再生用乳化沥青微细观特性研究

选择不同种类、用量的冷再生用乳化剂，按照统一生产参数制备乳化沥青，采用先进微细观表征手段，深入研究乳化剂、改性剂对冷再生用乳化沥青微细观特性的影响，从微细观层面提出冷再生用乳化沥青性能评价及质量控制关键指标，揭示材料间相互作用机制。

（2）乳化沥青残留物获取方法及流变特性研究

综述现有乳化沥青残留物获取方法，应用高温蒸发方法与低温蒸发方法，开展不同种类及用量乳化剂的乳化沥青残留物基础性能与流变特性研究，对比分析两种方法的差异，研究乳化剂及其用量、改性剂在不同获取方法下对乳化沥青残留物流变性能的影响规律，以期在乳化沥青性能评价方面提出相应的建议。

（3）乳化沥青冷再生混合料早期性能研究

针对乳化沥青冷再生混合料和易性、内聚力及其影响因素开展试验研究，通过自主研发和易性设备，研究不同因素及水平条件下各因素对混合料和易性的影响，分析和易性影响因素的敏感性，提出和易性控制指标；探讨乳化沥青冷再生混合料内聚力测试方法，研究不同因素及水平下各因素对混合料内聚力的影响，分析各影响因素的敏感性，结合芯样内聚力室内试验，提出乳化沥青冷再生混合料内聚力控制指标。

（4）乳化沥青冷再生混合料设计方法优化

评述国内外现有的乳化沥青冷再生混合料设计方法，分析在乳化沥青冷再生体系中，马歇尔方法的优缺点以及旋转压实成型方法的适应性，确定试件养护方法，并就乳化沥青冷再生混合料旋转压实成型参数、成型温度、最佳用水量以及最佳乳化沥青用量开展深入研究，完善并优化乳化沥青冷再生混合料设计方法及指标。

（5）乳化沥青冷再生混合料技术性能优化研究

开展不同技术手段提升乳化沥青冷再生混合料使用性能研究，从早期性能、水稳定性能、高温性能、低温性能、动态力学性能以及疲劳性能等方面综合评价，对比不同技术手段对其冷再生混合料使用性能的提升效果，揭示材料间的影响机制，为冷再生混合料工程应用提供参考。

根据上述内容，本书结构框架如图1.1所示。

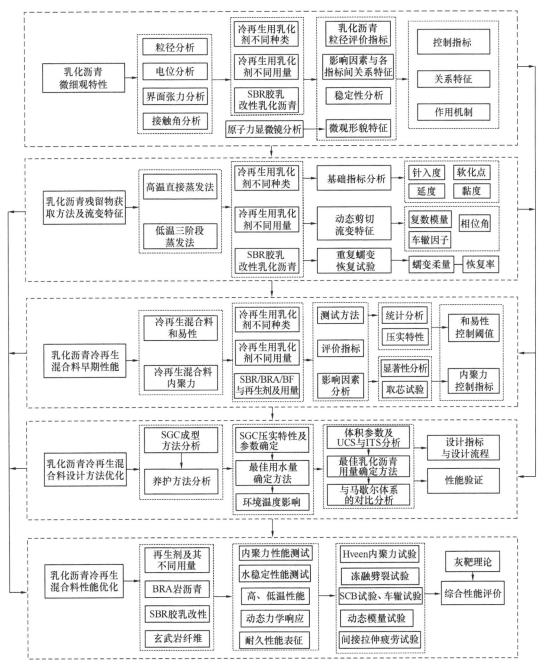

图1.1 结构框架图

本 章 参 考 文 献

[1] JO Agnusdei, PE Bolzan, O Losco. Rheological Behavior of Asphalt Emulsions and Asphalt Emulsion Residues[J]. Indian Highways, 1990, 18: 13-15.

[2] K Takamura, W Heckmann. Comparison of Emulsion Residues Recovered by Forced Airflow and RTFO Drying[C]. AEMA/ARRA/ISSA Joint Annual Meeting, 2000, 3: 13-16.

[3] Gingras J P, Tanguy P A. Effect of process parameters on bitumen emulsions[J]. Chemical Engineering and Processing: Process Intensification, 2005, 44(9): 979-986.

[4] Yang Jinbo, Yan PeiYu, KONG XiangMing, et al. Study on the hardening mechanism of cement asphalt binder[J]. Science China Technological Sciences, 2010, 53 (5): 1406-1412.

[5] Fazhou Wang, Yunpeng Liu, Yunhua Zhang, et al. Experimental study on the stability of asphalt emulsion for CA mortarby laser diffraction technique[J]. Construction and Building Materials, 2012, 28(1): 117-121.

[6] H. P. Li, H. Zhao, K. -J. LIAO, et al. A Study on the Preparation and Storage Stability of Modified Emulsified Asphalt[J]. Petroleum Science and Technology, 2012, 30: 699-708.

[7] NM Wasiuddin, S Salehi Ashani, MS Kabir. Rheology of Asphalt Emulsion Residues and Its Relationship to Elastic Recovery in AASHTO T301[J]. Transportation Research Board Meeting, 2013.

[8] RM Islam, SS Ashani, NM Wasiuddin, et al. Effects of Curing Time, Temperature, and Vacuum Pressure on Asphalt Emulsion Residue Recovered by Vacuum Drying Method[J]. Journal of Testing & Evaluation, 2014, 43 (5): 0-14.

[9] Jinyu Pang, Sujun Du, Runtian Chang, et al. Effect of emulsifier content on the rheological properties of asphalt emulsion residues[J]. Journal of Applied Polymer Science, 2015, 132(15).

[10] SH Cho, JH Im, Mathematical Approach in Rheological Characterizing of Asphalt Emulsion Residues[J]. Mathematical Problems in Engineering, 2015, 10: 1-13.

[11] Z Wang, H Wang, T Zhang, et al. Investigation on absorption performance between cement and emulsified asphalt with UV-Vis spectrophotometer[J]. Construction & Building Materials, 2017, 136: 256-264.

[12] 孔宪明, 刘国祥. 乳化沥青残余物获取方法解析[J]. 石油沥青, 2004, 18(6): 18-22.

[13] 蔺习雄, 杨克红, 李剑新. SBR 胶乳改性乳化沥青稳定性研究[J]. 石油沥青, 2006, (2): 19-22.

[14] 王红, 王翠红, 王子军. 乳化剂体系对乳化沥青储存稳定性影响研究[J]. 石油沥青, 2008, 22 (4): 10-13.

[15] 刘国祥, 张小英, 孔宪明. ASTM 测定与回收乳化沥青残余物试验方法[J]. 石油沥青, 2011, 25(2): 69-71.

[16] 徐光霁. 硬质乳化沥青蒸发残留物流变性能研究[D]. 武汉: 武汉理工大学, 2012.

[17] 刘好, 刘超, 刘庚. 乳化剂剂量对改性乳化沥青性能的影响研究[J]. 中国市政工程, 2012, (1): 76-77.

[18] 赵品晖, 范维玉, 张凌波, 等. 乳化沥青粒径影响因素研究[J]. 公路, 2013, (4): 157-160.

[19] 赵品晖, 范维玉, 张凌波, 等. 乳化沥青粒度与稳定性的影响因素及其相关性考察[J]. 石油炼制与化工, 2013, 44(7): 12-16.

[20] 于洋, 刘建松, 甄国强. 乳化剂对沥青性能的影响[J]. 建筑技术开发, 2013, 40(3): 41-43.

［21］ 田尚斌，牛晓伟，徐培华，等. 乳化沥青残留物获取方法浅析［J］. 上海公路，2014，1：61-63.

［22］ 李忠玉，刘栓，陈小雪，等. 乳化沥青颗粒粒度分析试验研究［J］. 石油沥青，2015，29（3）：14-17.

［23］ 崔东霞，庞瑾瑜. 冷再生乳化剂对乳化沥青残留物流变性能的影响［J］. 中外公路，2015，35（6）：229-232.

［24］ 弓锐，郭彦强，弥海晨. 乳化剂对乳化沥青冷再生施工性能的影响［J］. 石油沥青，2016，30（2）：29-32.

［25］ 陈文. 高性能乳化沥青冷再生混合料开发研究［D］. 重庆：重庆交通大学，2016.

［26］ 牛晓伟，王永维，王文峰，等. 乳化沥青残留物获取方法对比研究［J］. 现代交通技术，2016，13（3）：1-4.

［27］ Gunnar Hillgren, Alan James Tomas Svenson, Thomas Wallin. In-Plant Cold Recycling and Cold Mix in Sweden-Developments in Laboratory Testing［J］. Asphalt Institute Manual Series No 14 3rd Edition 1989.

［28］ Wu Chao-Fan, ZengMeng-Lan, Zhong Meng-Wu, et al. Experimental study of the design method for cold recycled mixture using asphalt emulsion［J］. Journal of Hunan University Natural Sciences，2008，35（8）：19-23.

［29］ Masad E, Jandhyala V K, Dasgupta N, et al. Characterization of Air Void Distribution in Asphalt Mixes using X-ray Computed Tomography［J］. Journal of Materials in Civil Engineering，2002，14（2）：122-129.

［30］ Claudio Brovelli, Maurizio Crispino. Investigation into cold recycled materials：Influence of rejuvenant，mix design procedure and effects of temperature on compaction［J］. Construction and Building Materials，2012，37（12）：507-511.

［31］ MJ Martinez-Echevarria, R Miro Recasens, MDC Rubio Gamez, et al. In-laboratory compaction procedure for cold recycled mixeswith bituminous emulsions［J］. Construction and Building Materials，2012，36（6）：918-924.

［32］ J. Piratheepan, C. T. Gnanendran, A. Arulrajah. Determination of c and φ from IDT and Unconfined Compression Testing and Numerical Analysis［J］. J. Mater. Civil. Eng. 2012，24：1153-1164.

［33］ J Yan, Z Leng, F Li, et al. Early-age strength and long-term performance of asphalt emulsion coldrecycled mixes with various cement contents［J］. Construction & Building Materials，2017，137：153-159，21（3）：583-589.

［34］ 周源. 生石灰对乳化沥青冷再生混合料强度的影响［J］. 中外公路，2013，33（2）：282-284.

［35］ 王火明，李胜强，徐周聪，等. 乳化沥青冷再生混合料施工和易性评价方法研究［J］. 公路交通技术，2015，（6）：21-26.

［36］ 耿九光，胡勇，石发进. 乳化沥青冷再生混合料超早强技术研究［J］. 中外公路，2016，36（4）：261-264.

［37］ 李锋，严金海，韩鹏. 乳化沥青冷再生混合料早期强度评价［J］. 中外公路，2016，36（4）：273-275.

［38］ 陈海民，邹静蓉，李胜强. 乳化沥青冷再生混合料的早期强度性能评价研究［J］. 路基工程，2016，（5）：34-37.

［39］ 张迪，方琳，王建伟. 养生期乳化沥青冷再生混合料强度及疲劳损伤特性［J］. 公路工程，2016，41（1）：236-241.

［40］ 周水文，王海朋，张晓华，MOUHAMED BAYANE BOURAIMA. 乳化沥青厂拌冷再生混合料

早期磨耗性能研究[J]. 西南公路, 2017, (1): 9-13.

[41] 严金海. 沥青路面冷再生设计方法及性能评价[D]. 南京: 东南大学, 2006.

[42] 刘娜. 泡沫沥青与乳化沥青冷再生混合料中长期使用性能研究[D]. 西安: 长安大学, 2012.

[43] 于浩. 高性能乳化沥青厂拌冷再生混合料设计方法研究[D]. 郑州: 郑州大学, 2012.

[44] 荣丽娟. 改性乳化沥青冷再生混合料研究及应用[D]. 西安: 长安大学, 2013.

[45] 许严, 孙立军, 刘黎萍. 考虑热压实过程的乳化沥青冷再生混合料设计方法研究[J]. 公路工程, 2013, 38(3): 72-76.

[46] 马永锋. 乳化沥青冷再生混合料关键技术特性及节能减排分析研究[D]. 西安: 长安大学, 2013.

[47] 李艳奇. 基于旋转压实方法进行乳化沥青冷再生配合比设计方法的研究[D]. 济南: 山东建筑大学, 2014.

[48] 马川义. 乳化沥青冷再生混合料设计方法优化研究[D]. 济南: 山东建筑大学, 2014.

[49] 苏志翔, 李淑明, 吴小虎. 乳化沥青冷再生试验方法改进及性能研究[J]. 华东交通大学学报, 2014, 32(1): 37-42.

[50] 王宏, 刘锋, 张葆永. 不同养生温度乳化沥青冷再生混合料空隙分布特征[J]. 武汉理工大学学报(交通科学与工程版), 2015, 2: 388-392.

[51] 高磊. 乳化沥青冷再生混合料的裂纹发展行为及抗裂机理研究[D]. 南京: 东南大学, 2016.

[52] 刘慧琴. 基于工业CT乳化沥青冷再生混合料细微观结构性能研究[J]. 公路工程, 2017, 42(2): 319-325.

[53] L. E. Cha′vez-Valencia, E. Alonso, A. Manzano, J. Pe′rezb, M. E. Contreras, C. Signoret. Improving the compressive strengths of cold-mix asphalt usingasphalt emulsion modified by polyvinyl acetate [J]. Construction and Building Materials, 2007, 21(3): 583-589.

[54] M. Bocci, A. Grilli, F. Cardone, A. Graziani. A study on the mechanical behaviour of cement – bitumen treated materials [J]. Construction and Building Materials, 2011, 25(2): 773-778.

[55] Yongjoo Kim and Hosin David Lee. Performance Evaluation of Cold In-place Recycling Mixtures Using Emulsified Asphalt Based on Dynamic Modulus, Flow Number, Flow Time, and Raveling Loss [J]. KSCE Journal of Civil Engineering, 2012, 16(4): 586-593.

[56] A. Stimilli, G. Ferrotti, A. Graziani and F. Canestrari. Performance evaluation of a cold-recycled mixture containing highpercentage of reclaimed asphalt [J]. Road Materials and Pavement Design, 2013, 16: 149-161.

[57] Juntao Lin, Jinxiang Hong, Yue Xiao. Dynamic characteristics of 100% cold recycled asphalt mixture usingasphalt emulsion and cement[J]. Journal of Cleaner Production, 2017, 156: 337-344.

[58] 裴金荣. 利用纳米粉体进行乳化沥青改性的研究[D]. 济南: 山东建筑大学, 2014.

[59] 李茜. 常温再生RAP中老化沥青及再生混合料性能研究[D]. 广州: 华南理工大学, 2014.

[60] 董文龙, 杨群, 黄文元, 等. 乳化沥青冷再生混合料高温变形特征试验研究[J]. 公路工程, 2014, 39(5): 44-46.

[61] 李锋, 严金海, 朱浩然, 等. 乳化沥青冷再生混合料低温性能研究[J]. 公路, 2015, (3): 164-168.

[62] 刘伟, 严金海, 李锋, 等. 泡沫(乳化)乳化沥青冷再生混合料动静模量相关性[J]. 公路交通科技, 2015, 32(5): 1-7.

[63] 韩庆奎, 李晓民, 魏定邦. 胶乳掺量对乳化沥青冷再生混合料低温性能的影响研究[J]. 硅酸盐通报, 2015, 34(11): 3197-3201.

[64] 马露露. 乳化沥青冷再生混合料的低温性能研究[D]. 重庆: 重庆交通大学, 2016.

[65] 李亚菲. 不同水性环氧树脂掺量乳化沥青冷再生混合料耐久性试验研究[J]. 公路工程, 2016,

41(5)：82-87.

[66] 李敏. 泡沫（乳化）沥青冷再生混合料动态模量特性及其主曲线研究[J]. 公路工程，2016，41（3）：08-16.

[67] 张映雪，雷强，罗润洲. 等. 掺入煤矸石及煤矸石灰的再生沥青混合料性能分析研究[J]. 中外公路，2016，36(3)：278-280.

[68] 刘亮. RAP表面特征及其性能改善研究[D]. 西安：长安大学，2016.

[69] 陈诚，薛建荣. 橡胶粉改性的乳化沥青冷再生混合料强度特性及路用性能研究[J]. 公路工程，2016，41(4)：72-77.

第2章 冷再生用乳化沥青微细观特性研究

乳化沥青施工便利且节能环保，被广泛应用于土木工程各领域，应用领域不同其性能要求也就不同，影响乳化沥青的性能因素概括起来有两方面：内在构成与外部条件，内在构成主要包括乳化剂、助剂类型及用量、pH 与基质沥青等，外部条件主要包括乳化设备、集料类型与性质以及施工现场温度、湿度、搅拌工艺等条件。作为内在元素构成的核心变量，乳化剂尤为重要，它直接决定乳化沥青的粒径大小与分布、电荷、电位以及接触角等微细观特性，而这些微细观结构特征对乳化沥青所表现出的内聚力、和易性以及长期性能都有重要影响。因此，研究与探索乳化沥青的微细观特性对于深入认识材料特性与提升性能方面至关重要。

2.1 乳化沥青制备

2.1.1 冷再生用乳化剂选择

乳化剂作为乳化沥青体系中的核心材料，受基团组合形态，极性基团大小、数量以及与非极性基团位置的影响。乳化剂物理和化学的性质不仅决定乳化沥青表面电荷的性质、破乳速度，也与粒径大小与分布、石料表面黏附性及乳化沥青稳定性紧密相关，是影响乳化沥青性能指标的关键因素。沥青乳化剂按照离子类型分为：阴离子型沥青乳化剂、阳离子型沥青乳化剂、两性沥青乳化剂、非离子型沥青乳化剂；按照破乳速度分为：快裂型沥青乳化剂、中裂型沥青乳化剂、慢裂型沥青乳化剂。在冷再生体系中，乳化沥青一般选用阳离子慢裂型乳化沥青，本书选择了乳化沥青冷再生中常用的 4 种乳化剂，分别记为 A、T、L、M，制备的乳化沥青分别记为 E_A、E_T、E_L、E_M，乳化沥青相应的残留物分别记为 R_A、R_T、R_L、R_M，试验参数如表 2.1 所示。

冷再生用 4 种乳化剂试验参数 表 2.1

乳化剂类型	试验掺量（%）	固含量设计（%）	试验中 pH	厂家推荐 pH	推荐掺量（%）
A	0.7	62	2.3	2.0~2.5	1.2~2.2
	1.1				
	1.7				
	2.3				
	2.9				
M	3.0	62	2.3	2.0~2.5	3.0
L	4.0	62	2.7	2.5~3.0	4.0
T	2.0	62	2.0	1.8~2.3	1.5~2.5

2.1.2　乳化沥青制备工艺

基质沥青选用东明 70 号沥青（A-70），其检测结果如表 2.2 所示。

沥青测试指标　　　　　　　　　　　　　　　　　　表 2.2

检测项目		单位	JTG F40 要求	试验结果	试验方法①
针入度（25℃，100g，5s）		0.1mm	60～80	66	T0604-2011
延度（15℃，5cm/min）		cm	≥00	≥100	T0605-2011
软化点（环球法）		℃	≥46	48.7	T0606-2011
蜡含量（蒸馏法）		%	≤2.2	1.8	T0615-2011
闪点（COC）		℃	不小于 260	271	T0611-2011
密度（15℃）		g/cm³	实测记录	1.028	T0603-2011
溶解度（三氯乙烯）		%	≥99.5	99.92	T0607-2011
TFOT 后残留物	质量变化	%	≤±0.8	0.03	T0609-2011
	针入度比（25℃）	%	≥61	88	T0609-2011 T0604-2011
	延度（15℃）	cm	≥15	25	T0609-2011 T0605-2011

①试验方法是指《公路工程沥青及沥青混合料试验规程》JTG E20—2011 中沥青试验方法。

室内制备乳化沥青采用德国 RINKMD-1 胶体磨设备，如图 2.1 所示。

沥青加热温度、乳化剂种类及用量、油水比例、pH 及助剂等因素，都影响沥青乳化效果。为避免乳化沥青工艺影响，对胶体磨设备制备乳化沥青的流程与要求进行了统一。生产工艺分为沥青加热、皂液配制、沥青乳化、乳液储存四个过程，如图 2.2 所示。

（1）沥青加热

控制沥青加热温度非常重要，若沥青加热温度过低，会造成沥青黏度大，难以乳化；若沥青温度过高，会造成沥青老化，

图 2.1　德国 RINKMD-1 胶体磨设备

其次会影响乳化剂稳定性。基质沥青加热采用鼓风烘箱并设定温度为 130℃。

（2）皂液配制

乳化剂使用时应溶解于水中配制成乳化剂皂液，且需要调节皂液温度和酸碱度，其用量和 pH 参考厂家数据，皂液温度控制在 60℃。

（3）沥青乳化

将沥青与皂液同时进入胶体磨设备，经增压、剪切、研磨等机械作用形成水包油的沥青乳状液，出口温度控制在 85℃左右。

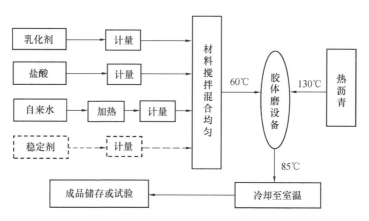

图 2.2　乳化沥青制备工艺

（4）乳液储存

乳化沥青从胶体磨中出来，直接进入储存罐，冷却至室温后应尽快进行相关试验，原则上是现用现制备，储存时间不超过 3d，在应用前应充分搅拌。

按照以上乳化沥青制备工艺及表 2.1 中乳化剂试验参数要求分别制备 4 种冷再生乳化沥青，其测试指标如表 2.3～表 2.6 所示。

乳化沥青（E_A）测试指标　　　　　　　　　　　　　　表 2.3

检测项目		单位	JTG/T 5521 要求	试验结果	试验方法①
破乳速率		—	中裂或慢裂	慢裂	T0658-1993
粒子电荷		—	阳离子（+）	阳离子	T0653-1993
筛上残留物（1.18mm）		％	≤0.1	0.011	T0652-1993
恩格拉黏度，E_{25}		—	2～30	8.1	T0622-1993
与粗集料的黏附性、裹覆性		裹覆面积	≥2/3	≥2/3	T0654-2011
与粗、细粒式集料拌合试验		—	均匀	均匀	T0659-1993
蒸馏残留物	残留分含量	％	≥60	64.2	T0651-1993
	针入度（25℃）	1/10mm	50～130	64.6	T0604-2011
	延度（15℃）	cm	≥40	87.3	T0605-2011
储存稳定性	5d	％	≤5	2.21	T0655-1993

①试验方法是指《公路工程沥青及沥青混合料试验规程》JTG E20—2011 中沥青试验方法。

乳化沥青（E_T）测试指标　　　　　　　　　　　　　　表 2.4

检测项目	单位	JTG/T 5521 要求	试验结果	试验方法①
破乳速率	—	中裂或慢裂	慢裂	T0658-1993
粒子电荷	—	阳离子（+）	阳离子	T0653-1993
筛上残留物（1.18mm）	％	≤0.1	0.03	T0652-1993
恩格拉黏度，E_{25}	—	2～30	9.1	T0622-1993

续表

检测项目		单位	JTG/T 5521 要求	试验结果	试验方法①
与粗集料的黏附性、裹覆性		裹覆面积	≥2/3	≥2/3	T0654-2011
与粗、细粒式集料拌合试验		—	均匀	均匀	T0659-1993
蒸馏残留物	残留分含量	%	≥60	63.5	T0651-1993
	针入度（25℃）	1/10mm	50～130	66.7	T0604-2011
	延度（15℃）	cm	≥40	69.8	T0605-2011
储存稳定性	5d	%	≤5	4.77	T0655-1993

①试验方法是指《公路工程沥青及沥青混合料试验规程》JTG E20—2011 中沥青试验方法。

乳化沥青（E_L）测试指标　　　　　表 2.5

检测项目		单位	JTG/T 5521 要求	试验结果	试验方法①
破乳速率		—	中裂或慢裂	慢裂	T0658-1993
粒子电荷		—	阳离子（＋）	阳离子	T0653-1993
筛上残留物（1.18mm）		%	≤0.1	0.02	T0652-1993
恩格拉黏度，E_{25}		—	2～30	8.9	T0622-1993
与粗集料的黏附性、裹覆性		裹覆面积	≥2/3	≥2/3	T0654-2011
与粗、细粒式集料拌合试验		—	均匀	均匀	T0659-1993
蒸馏残留物	残留分含量	%	≥60	63.8	T0651-1993
	针入度（25℃）	1/10mm	50～130	66.2	T0604-2011
	延度（15℃）	cm	≥40	76.3	T0605-2011
储存稳定性	5d	%	≤5	4.12	T0655-1993

①试验方法是指《公路工程沥青及沥青混合料试验规程》JTG E20—2011 中沥青试验方法。

乳化沥青（E_M）测试指标　　　　　表 2.6

检测项目		单位	JTG/T 5521 要求	试验结果	试验方法①
破乳速率		—	中裂或慢裂	慢裂	T0658-1993
粒子电荷		—	阳离子（＋）	阳离子	T0653-1993
筛上残留物（1.18mm）		%	≤0.1	0.02	T0652-1993
恩格拉黏度，E_{25}		—	2～30	8.3	T0622-1993
与粗集料的黏附性、裹覆性		裹覆面积	≥2/3	≥2/3	T0654-2011
与粗、细粒式集料拌合试验		—	均匀	均匀	T0659-1993
蒸馏残留物	残留分含量	%	≥60	63.7	T0651-1993
	针入度（25℃）	1/10mm	50～130	68.9	T0604-2011
	延度（15℃）	cm	≥40	52.6	T0605-2011
储存稳定性	5d	%	≤5	2.24	T0655-1993

①试验方法是指《公路工程沥青及沥青混合料试验规程》JTG E20—2011 中沥青试验方法。

2.1.3　SBR 胶乳

SBR 胶乳是一种阴离子型聚合物分散体，能显著改善沥青感温性和黏弹性，常温下呈乳白色液状，易于流动。采用进口 SBR 胶乳，其指标参数如表 2.7 所示，在制备改性乳化沥青时，通过聚合物 SBR 胶乳与乳化沥青成品（E_A-1.7%）混合的方式进行改性，现混现用，以免出现分层离析影响改性效果，掺量为乳化沥青用量的 3%。

SBR 胶乳指标参数　　　　　　　　　　　　　　　　　　　　表 2.7

产品外观	固含量（%）	粒子电荷	机械稳定性（5min）（%）	pH
乳白色液体	50	+	≤1	5～7

2.2　乳化沥青粒径测试与分析

2.2.1　实验方法及原理

粒径测试采用美国麦克奇（Microtrac）S3500 系列激光粒度仪进行粒径测试，设备及测试界面如图 2.3 所示。测量范围：0.02～2.800 μm；分析精度：误差 ≤ 0.6%，重复性：误差 ≤1%；测量时间：10～30s；所需样品量：0.05～2g，符合《粒度分析 激光衍射法 第 1 部分：一般原则》ISO13320-1—1999 激光粒度分析国际标准。

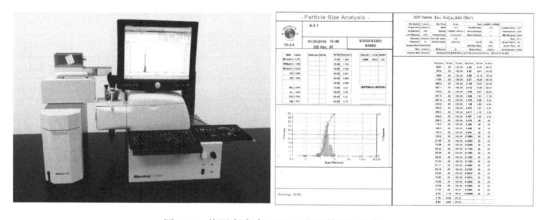

图 2.3　美国麦克奇 S3500 系列激光粒度仪

2.2.2　乳化沥青颗粒粒径评价指标

1. 平均粒径

乳化沥青颗粒粒径大小与分布是乳化沥青质量控制的关键参数，直接影响到乳化沥青的黏度、储存稳定性、破乳时间等性能指标，对乳化沥青的工程性能有非常重要的影响。乳化沥青颗粒特征的表征包括两方面：粒径大小和粒径分布。对于粒径大小而言，目前绝大多数文献选用平均粒径，但对其并未明确定义，平均粒径通常与中位（中值）粒径在概念上混淆。

乳化沥青平均粒径理论上是指每个微粒直径的总和除以微粒总数，在微积分曲线上表示为通过重心的垂线与表示粒径范围的横坐标的交点值，单位一般为μm。而乳化沥青中位粒径定义是累积含量为50%时对应的粒径，记为D50，其物理意义是粒径大于它的颗粒占50%，小于它的颗粒也占50%。在正常制备乳化沥青过程中，其颗粒粒径通常服从正态分布，平均粒径与中位粒径基本接近，其比值反映的是颗粒群的粒径分布与正态分布的偏离程度，目前在粒径分析的过程中为了简便，评价乳化沥青粒径大小采用的平均粒径通常用中位粒径代替。

2. 不均匀系数

乳化沥青是乳化沥青冷再生混合料关键组分，在冷再生混合料拌制过程中，乳化沥青的乳化性能的好坏直接影响着冷再生混合料拌合物性能以及冷再生混合料后期的力学性能，其中沥青乳液的颗粒大小和粒径分布与乳化沥青储存及系列性能密不可分。本书借助于土力学中关于颗粒的不均匀系数概念评价乳化沥青颗粒粒径的分布和均匀性。

不均匀系数是一种限制粒径与有效粒径的比值的系数。限制粒径又称控制粒径，在颗粒分析累计曲线上，相当于累计百分率为60%的粒径（μm）；有效粒径是指粒径分布曲线上小于该粒径的土含量占总土质量的10%的粒径。其表达式为：

$$C_u = \frac{D60}{D10}$$

不均匀系数反映大小不同粒组的分布情况，不均匀系数越小，颗粒分布越均匀；不均匀系数越大，表示颗粒分布越广。平均粒径是指颗粒粒径整体的粒径大小，不均匀系数反映的是颗粒粒组的均匀程度，因此两者结合反映了颗粒粒径的大小及均匀程度。

3. D90

D90是指粒度分布中占90%所对应的粒径（μm）。它是一个综合指标，既反映粒径大小也表征了乳化沥青颗粒粒径分布的均匀度。乳化沥青颗粒粒径服从正态分布，D90越大，表明乳化沥青颗粒整体粒径越大，与平均值差值越小，表明粒径分布得越均匀。

2.2.3　乳化剂对颗粒粒径的影响

1. 乳化剂类型对粒径的影响

本书选用了乳化沥青冷再生中常用的4种乳化剂，分别记为A、T、L、M，前两种为进口乳化剂，后两种为国产乳化剂，测试结果如图2.4、图2.5所示。

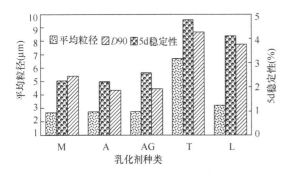 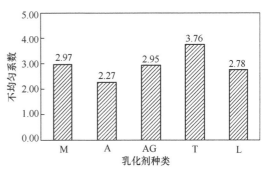

图 2.4　不同乳化剂制备的乳化沥青粒径与稳定性　图 2.5　不同乳化剂制备乳化沥青的不均性系数

在室内相同工艺及参数条件下，不同乳化剂配方制备的乳化沥青粒径大小与分布不同，主要是由于不同乳化剂的内在结构不同，亲水亲油能力存在差异，其乳化效果明显不同。

从图 2.4 分析平均粒径可以看出：平均粒径大小排序为 T>L>M>A，其中国外的两种粒径要小于国内的，M 与 A 乳化剂制备的乳化沥青平均粒径整体上相对较小且两者基本接近；D90 大小排序为 T>L>M>A，D90 与平均粒径大小一致，但在两种进口乳化剂制备乳化沥青颗粒中，M 乳化剂明显大于 A 乳化剂的 D90，这说明 M 乳化剂 90% 对应的粒径要大于 A 乳化剂，同时也说明在平均粒径一致的情况下，D90 可以更进一步区分粒径的大小与分布并对其进行评价。5d 稳定性排序为 T>L>M>A，与平均粒径和 D90 排序一致。

而不均匀系数排序为 T>M>L>A，不均匀系数与平均粒径、D90 排序不一致，虽然 L 的平均粒径与 D90 大于 M，但不能说明其均匀性就差一些，也表明在评价乳液粒径大小的同时需要兼顾粒径分布的均匀性。

对于加入 SBR 胶乳后的乳化沥青而言，改性乳化沥青平均粒径、D90 以及不均匀系数基本一致，其贮存稳定性略小于未加入胶乳的乳化沥青，可能是由于胶乳与原乳液系统存在两相良好的相容性，再次形成了稳定的乳液系统。

2. 乳化剂用量对粒径的影响

选用一种乳化剂（A），统一生产工艺制备 5 种不同乳化剂用量的乳化沥青，对其进行粒径与 5d 稳定性的测试，测试结果如图 2.6、图 2.7 所示。

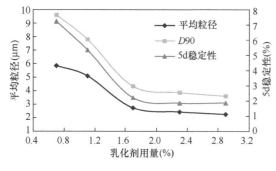

图 2.6　乳化剂用量与平均粒径和 5d 稳定性关系

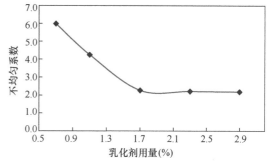

图 2.7　乳化剂用量与不均性系数关系

从图 2.6、图 2.7 可以看出，随着乳化剂用量的增加，平均粒径、D90 以及不均匀系数都在不断减小，而 5d 稳定性增强，当乳化剂含量小于 1.7% 时，随着乳化剂用量的增加平均粒径与 D90 下降明显，大于 1.7% 时，各指标变化不大，逐渐趋于稳定。这也符合表面吉布斯（Gibbs）自由能定律。

对平均粒径、D90 及不均匀系数与不同乳化剂用量的乳化沥青稳定性进行相关性分析，发现平均粒径、D90 以及不均匀系数与稳定性高度线性相关，相关系数分别为 0.9837、0.9962、0.9895，相关性最好的是 D90，其次是不均匀系数，最后是平均粒径。对平均粒径、D90 及不均匀系数与不同乳化剂种类及用量的乳化沥青稳定性进行相关性分析，发现平均粒径、D90 以及不均匀系数与稳定性具有良好的线性关系，相关系数分别为 0.7612、0.8988、0.8956，结合《公路沥青路面再生技术规范》JTG/T 5521—2019

中的稳定要求，根据拟合的线性关系可计算出：平均粒径不大于 $5.2\mu m$，$D90$ 粒径不大于 $7.99\mu m$，不均匀系数不大于 4.25。

2.2.4　乳化沥青粒径控制指标探讨

乳化沥青不稳定形式主要包括沉降、絮凝与聚结。沥青颗粒沉降是由于重力作用及密度不同引起，沉降可通过搅拌、稀释或添加乳化剂的方式恢复，若沉降使得乳化沥青体系破坏，则难以恢复，一般要求乳化沥青中 85% 以上沥青颗粒应小于 $5\mu m$，才趋于稳定。絮凝又称聚集，指乳化沥青中沥青颗粒相互聚集的过程，沥青颗粒受到重力作用和布朗运动作用碰撞形成较大沥青微粒，若结合仅以较小的范德华力，同样可恢复原来状态。聚合是沥青颗粒受到范德华力和静电力影响聚集成更大沥青颗粒，形成浓缩层而造成的乳化沥青解体，这种变化是不可逆的，如图 2.8 所示。

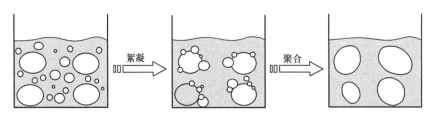

图 2.8　乳化沥青的絮凝与聚合

（1）沉降理论—Stokes 沉降公式

乳化沥青体系中的沥青颗粒沉降主要是由于重力及两相密度不同造成的，沥青颗粒沉降速度采用 Stokes 沉降公式表示：

$$v = 2gr^2(\rho_1 - \rho_0)/9\eta \tag{2.1}$$

式中　r——沥青颗粒平均粒径（μm）；

ρ_1、ρ_0——沥青和水的密度（kg/dm^3）；

η——水黏度（$MPa \cdot s$）；

g——重力加速度（m/s^2）。

研究表明当沥青颗粒的沉降速度 $v \leqslant 1mm/d$，颗粒粒径的沉降作用可以忽略，因此，由式（2.1）可计算乳化沥青中沥青颗粒处于稳定状态时的最小粒径。

最小粒径计算：石油沥青密度一般为 $0.98 \sim 1.01g/cm^3$，取 $\Delta\rho = 0.01g/cm^3$；η 为 $10MPa \cdot s$；$g = 980cm/s^2$。因此，可计算出当沉降取 $1mm/d$ 时，乳化沥青颗粒粒径小于 $2.3\mu m$，此时重力沉降的影响可忽略不计。

（2）絮凝理论—分子运动论

在乳化沥青体系中，沥青颗粒除在重力作用下向下运动外，颗粒间还会发生布朗碰撞和重力碰撞，若粒径为 r_i 和 r_j 的两个沥青颗粒在一定浓度下，其布朗运动碰撞和重力碰撞分别与布朗碰撞因子 B_{ij} 和重力碰撞因子 G_{ij} 呈正比，根据分子运动理论则有：

$$B_{ij} = \frac{2KT}{3\eta W_{ij}}\left(\frac{1}{r_i} + \frac{1}{r_j}\right)(r_i + r_j) \tag{2.2}$$

$$G_{ij} = \frac{8\pi\Delta\rho g}{9\eta W_{ij}}(r_i^2 + r_j^2)(r_i + r_j)^2 \tag{2.3}$$

式中　K——玻尔兹曼常数；

$\quad\quad T$——温度；

$\quad\quad \eta$——黏度；

$\quad\quad W_{ij}$——静电势垒因子；

$\quad\quad \Delta\rho$——分散相与连续相密度差；

$\quad\quad g$——重力常数。

B_{ij} 与 G_{ij} 间的关系与沥青颗粒聚集大小有关，其聚集沥青颗粒 B_{ij} 和 G_{ij} 与半径 r 的关系为：

$$\frac{G_{ij}}{B_{ij}} = \frac{4\pi\Delta\rho g}{3KT} r_i r_j (r_i^2 - r_j^2) \tag{2.4}$$

令 $\dfrac{r_j}{r_i} = R_{ij}$，则：

$$\frac{G_{ij}}{B_{ij}} = \frac{4\pi\Delta\rho g}{3KT} r_i^4 R_{ij} (1 - R_{ij}^2) \tag{2.5}$$

当 $\dfrac{d(G_{ij}/B_{ij})}{dR_{ij}} = \dfrac{4\pi\Delta\rho g}{3KT} r_i^4 (1 - 3R_{ij}^2) = 0$

$R_{ij} = \left(\dfrac{1}{3}\right)^{\frac{1}{2}} = 0.577$，代入上式（2.5）：

$$\frac{G_{ij}}{B_{ij}} = \frac{8\pi\Delta\rho g}{9\sqrt{3}KT} r_i^4 \tag{2.6}$$

则：

$$r_i = \left[\frac{9\sqrt{3}KT}{8\pi\Delta\rho g}\right]^{\frac{1}{4}} \left(\frac{G_{ij}}{B_{ij}}\right)^{\frac{1}{4}} \tag{2.7}$$

沥青颗粒聚集的主要因素与 r_i 的关系为：

当 $\left(\dfrac{G_{ij}}{B_{ij}}\right)_{max} \leqslant 0.1$ 时为布朗碰撞；

当 $\left(\dfrac{G_{ij}}{B_{ij}}\right)_{max} \geqslant 0.1$ 时为重力碰撞；

当 $\left(\dfrac{G_{ij}}{B_{ij}}\right)_{max}$ 在 $0.1\sim 10$ 之间时，两种碰撞并存。

计算：设 $\Delta\rho = 0.01\text{g/cm}^3$，$T = 298\text{K}$，当两种碰撞并存时，可得出 r_i 值：$1\mu\text{m} \leqslant r_i \leqslant 3\mu\text{m}$。

（3）乳化沥青粒径评价指标建议值探讨

乳化沥青冷再生强度形成与 HMA 胶结形式相近，为全裹覆状态，只有细腻、均匀的乳液状态，才能保证在石料表面形成沥青膜均匀、稳定，并与旧沥青和 RAP 料界面形成较好的浸润作用，具有足够的黏聚强度。因此对于冷再生乳化沥青对粒径大小及分布应有更高的要求。

由絮凝理论可知，当粒径小于 $1\mu\text{m}$ 时，乳液主要是布朗运动引起的碰撞，这主要与外界环境的温度与颗粒粒径大小有关，温度越高，布朗碰撞越明显；颗粒粒径越小，布朗膨胀越明显。当粒径大于 3μm 时，乳液主要是重力碰撞，粒径越大，越容易在重力作用下膨胀和沉降，这也是为什么乳化沥青中沥青颗粒粒径的大小及分布与提高乳液稳定性密切相关。而由沉降理论可知，当乳化沥青颗粒粒径小于 2.3μm，此时重力沉降的影响可忽略不计，乳化沥青具有良好的稳定性。粒径越小越均匀，乳化沥青的储存稳定性越好，但在工程实际中，乳化沥青的粒径大小与众多因素密不可分，包括乳化剂类型及用量、设备参数、工艺及稳定剂等，要制备出颗粒粒径都小于 2.3μm 而忽略重力沉降的影响非常困难，且成本较高，文献①表明冷再生乳化沥青粒径应集中在 1～7μm。综合考虑以上 10 组乳化沥青稳定性基本要求所对应粒径的数据，推荐冷再生乳化沥青粒径大小及分布的要求为：D90 粒径≤7μm、平均粒径≤4μm、不均匀系数≤4。

2.3　乳化沥青电位测试与分析

2.3.1　实验方法及原理

采用英国马尔文公司 Nano ZS90 纳米粒度及 Zeta 电位仪进行乳化沥青 Zeta 电位分析，如图 2.9 所示。Zeta 电位测量范围：-100～100mV；Zeta 电位可测量的粒径范围：3.8nm～100μm。

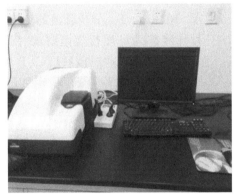

图 2.9　Zeta 电位测试设备及界面

沥青与水界面上电荷层由吸附层和扩散层组成呈双电层分布，如图 2.10、图 2.11 所示。在双电层中，距离沥青表面不同位置处乳液 Zeta 电位值如图 2.11 所示，设 CD 处正负离子浓度相等，乳液 Zeta 电位为零，沥青表面吸附一定量离子后，其乳液 Zeta 电位相对于 CD 处乳液 Zeta 电位差为 ψ（热力学电位），当微粒受到外界电场作用而沿着 AB 面滑动时，AB 面上将产生一个电势差，称为电动 Zeta 电位，又称 ζ 电位。由于 Zeta 电位大小决定了乳液中微粒间排斥力大小以及微粒在体系中热运动情况，Zeta 电位越大，表明乳化沥青稳定性越好。

———————————

① 张文浩，张科飞，陶卓辉. 高性能乳化沥青厂拌冷再生技术研究 [J]. 市政技术，2011，29(3)：134-135.

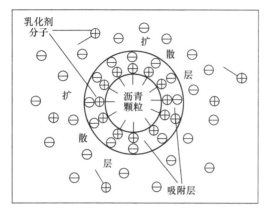

图 2.10　沥青颗粒双电层形成示意图

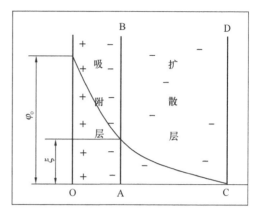

图 2.11　乳液 Zeta 电位值

2.3.2　乳化剂类型对电位的影响

选用 4 种乳化剂（M、A、T、L）与 SBR 胶乳，统一生产工艺制备乳化沥青和 SBR 改性乳化沥青，并对其 Zeta 电位和 5d 稳定性进行测试，结果如图 2.12 所示。

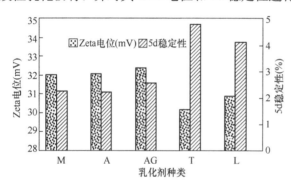

图 2.12　乳化剂种类与 Zeta 电位和稳定性关系

分析图 2.12 可知，不同乳化剂类型制备的乳化沥青 Zeta 电位不同，稳定性也不一样。Zeta 电位大小排序为 A＞M＞L＞T。分析乳液的稳定性，5 种乳液都满足现行规范要求《公路沥青路面再生技术规范》JTG/T 5521—2019，具有较好的储存稳定性，5d 稳定性指标排序为 T＞L＞M＞A，所以 Zeta 电位越大，其稳定性能越好。其主要原因是 Zeta 电位大小决定了乳液中微粒之间的排斥力大小以及微粒在体系中的热运动情况，Zeta 电位越大，乳化沥青体系的稳定越强，反之则越弱。

分析 SBR 胶乳改性乳化沥青 Zeta 电位，SBR 改性乳化沥青 Zeta 电位大于未改性前的，原因可能是由于 SBR 改性沥青胶乳中的 SBR 为阳离子乳液，本身带有电荷，这样就会与原来的乳液互相排斥而相容形成稳定的改性乳液。

2.3.3　乳化剂用量对电位的影响

选用一种乳化剂（A），变动 5 种不同的用量，统一生产工艺制备 5 种乳化沥青体系，并对其进行 Zeta 电位和 5d 稳定性的测试，结果如图 2.13 所示。

分析图 2.13 可知，不同质量分数乳化剂制备的乳化沥青 Zeta 电位有明显差异。乳化剂 A 的含量对乳化沥青稳定性影响明显，当乳化剂用量在 0.7%～1.7% 范围时，随着乳化剂用量增加，乳化沥青 Zeta 电位明显增加，稳定性显著提高；当乳化剂 A 含量在 1.7%～2.3% 范围内，乳化沥青 Zeta 电位缓慢增加，同时稳定性能也有所提高，但变化

趋势较小；当乳化剂 A 含量超过
2.3％时，乳液稳定性稍有下降。可能
是由于乳化剂含量对乳液粒度大小和
Zeta 电位的影响造成的，当粒径过小
的沥青微粒较多时，其比表面积较大，
导致比表面能激增，微粒间发生团聚
的吸引力大于颗粒间的排斥力，使过
小粒径沥青微粒相互结合形成稍大粒
径的沥青颗粒，从而乳液的稳定性基
本不变。对乳化沥青 Zeta 电位与 5d
储存稳定性（不同乳化剂用量）进行

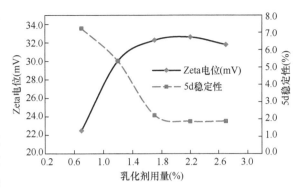

图 2.13　乳化剂用量与 Zeta 电位和稳定性关系

相关性分析，发现 Zeta 电位与稳定性指标线性负相关，其相关系数为−0.8394。结合不
同乳化剂种类及用量，对乳化沥青 Zeta 电位与 5d 储存稳定性指标进行线性相关性分析，
关系式为 $y=-0.5422x+20.074$，相关系数为−0.7908，根据线性关系得出满足《公路
沥青路面再生技术规范》JTG/T 5521—2019 要求的乳化沥青 Zeta 电位应大于28mV。

2.4　乳化沥青界面张力测试与分析

2.4.1　实验方法及原理

乳化沥青表面张力测试采用美国 ThermoCahn 公司的型号为 RADIAN Series 300 的
表面/界面张力测试仪，如图 2.14 所示。测量范围：表面张力 0.1～500 mN/m，接触角
0～180°；测量精度：表面张力±0.2mN/m，天平 1mg；测试样品尺寸：最大重量 60g，
最大直径 75mm；分辨率为 0.0001mm。

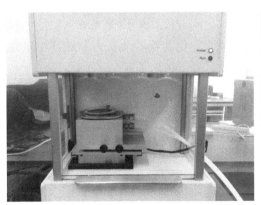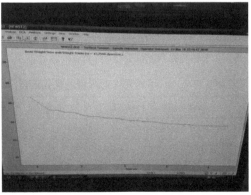

图 2.14　RADIAN Series 300 的表面/界面张力测试仪

具有表面张力是沥青乳化剂十分重要的特点，也是乳化沥青极为重要的质量指标之
一。乳化沥青不是溶液（均匀分散），抽象地说是一种物质以多个分子形成的集合体分散
在另一物质中，两种物质间没有明显界面，这种分散与物质的表面性质密切相关。在液体

内部的分子和表面上的分子所处的状况不同，在液体内部运动不需要能量；而表面上的分子受力非对称，受到液体内部的拉力，使其表面积尽可能缩小（流体总趋向于形成球体，减小面积）。若把液体做成液膜，液膜具有收缩趋势，此时则存在一个与收缩力方向相反、大小相等的力存在，即表面张力。液体的表面张力是指液体与空气相接触时的测定值，在与液体相接触的另一种物质的性质改变时表面张力发生变化，Antonoff 发现界面张力就是两种单纯液体表面张力的差值。对于乳化沥青而言，直接将沥青分散到水中需要克服巨大的界面张力，即施加很大能量。当沥青分散成很小的颗粒时，比表面积增加，此时乳液体系具有很高的能量状态，乳液不稳定，因此在生产乳化沥青时降低水的表面张力非常必要。乳化沥青形成过程是界面张力降低的过程，界面张力越低乳化越容易，形成的乳化沥青体系储存稳定性越好。

2.4.2　乳化剂类型对界面张力的影响

对 4 种不同乳化剂类型（M、A、T、L）的乳化沥青界面张力和储存稳定性进行测试，并对界面张力和 5d 储存稳定性进行相关性分析。测试结果如表 2.8 所示。

不同乳化剂的乳化沥青界面张力和 5d 储存稳定性测试结果　　　表 2.8

测试参数	M	A	AG	T	L	相关系数
界面张力（mN/m）	2.28	2.27	2.49	2.91	2.74	0.9612
5d 储存稳定性（%）	2.24	2.21	2.57	4.77	4.12	

从表 2.8 可以看出，不同乳化剂种类配制的乳化沥青界面张力不一致，通过线性相关性分析可知，乳化沥青与存储稳定性指标具有相同的变化趋势，并呈线性正相关关系，相关系数为 0.9612，乳化沥青之所以形成高稳定的分散体系，是由于乳化剂降低了体系界面能以及界面电荷斥力、界面膜的形成，因此，乳化剂对存储稳定性的影响主要还是通过界面张力来实现，这主要与乳化剂自身的性能密切相关。

2.4.3　乳化剂用量对界面张力的影响

选用一种乳化剂（A），对五种不同乳化剂用量的乳化沥青界面张力和储存稳定性进行测试，并对界面张力与 5d 储存稳定性相关性分析。测试结果如表 2.9 所示。

不同乳化剂用量的乳化沥青界面张力和 5d 储存稳定性测试结果　　　表 2.9

测试参数	0.7	1.1	1.7	2.3	2.9	相关系数
界面张力（mN/m）	4.55	2.92	2.27	1.891	1.877	0.9217
5d 储存稳定性（%）	7.23	5.34	2.21	1.86	1.87	

从表 2.9 测试结果来看，乳化剂用量对乳化沥青界面张力和储存稳定性产生了显著影响，随着乳化剂用量的增加，界面张力显著减小，当用量在 2.3% 后，趋于稳定，同时 5d 储存稳定性指标减小，即稳定性能增加，两者呈现很好的线性相关性，其相关系数为 0.9217。分析原因可能是乳化沥青中乳化剂分子数量较少时，大部分乳化剂亲水基团与亲油基团分布在水中与沥青相中，水与沥青界面上吸附的量很小，因此降低油水界面张力的能力较弱；当乳化剂分子浓度增加时，水与沥青界面上吸附乳化剂分子量也在增加，因此

界面张力降低，当乳化剂分子达到一定浓度时，乳化剂分子在界面上吸附量平衡，多余乳化剂分子将不能吸附于界面上，最终乳化沥青中水与沥青的界面张力也不再发生变化。

最后结合不同乳化剂种类及用量，对乳化沥青界面张力与 5d 储存稳定性指标进行相关性分析，发现两者具有良好的线性相关性，关系式为 $y=2.2423x-2.432$，相关系数为 0.8894，根据线性关系得出满足现行《公路沥青路面再生技术规范》JTG/T 5521—2019 要求的乳化沥青界面张力应小于 3.3 mN/m。

2.4.4　稳定性影响因素灰熵关联分析

基于灰关联熵分析法，研究乳化沥青粒径、Zeta 电位及界面张力与稳定性的关联性。

设 X 为灰关联因子集，将参考序列记为 x_0，$x_0=(x_0(1),x_0(2),\cdots\cdots,x_0(n))$。比较序列记为 x_i，$x_i=(x_i(1),x_i(2),\cdots\cdots,x_i(n))$，其中 $i=1,2,\cdots\cdots,m$。

（1）各系列的均值像（或初值像）

$$x_i'=\frac{x_i}{\overline{x_i}}=(x_i'(1),x_i'(2),\cdots\cdots,x_i'(n)) \tag{2.8}$$

其中：$\overline{x_i}=\frac{1}{n}\sum x_i(k),i=1,2,\cdots\cdots,m,k=1,2,\cdots\cdots,n$。

（2）x_0 与 x_i 的均值像（或初值像）对应分量之差的绝对值序列

$$\Delta_i(k)=|x_0'(k)-x_i'(k)| \tag{2.9}$$

$$\Delta_i=(\Delta_i(1),\Delta_i(2),\cdots\cdots,\Delta_i(n)),i=1,2,\cdots\cdots,m$$

（3）$\Delta_i(k)$ 的两极最大差与两极最小差，分别记为：

$$M=\max_{i=1,m}\max_{k=1,n}\Delta_i(k) \tag{2.10}$$

$$m=\min_{i=1,m}\min_{k=1,n}\Delta_i(k) \tag{2.11}$$

（4）比较列和参考列间的灰关联系数为：

$$\xi_i[x_0(k),x_i(k)]=\left|\frac{\min\limits_{i=1,m}\min\limits_{k=1,n}\Delta_i(k)+\rho\max\limits_{i=1,m}\max\limits_{k=1,n}\Delta_i(k)}{\Delta_i(k)+\rho\max\limits_{i=1,m}\max\limits_{k=1,n}\Delta_i(k)}\right|=\left|\frac{m+\rho M}{\Delta_i(k)+\rho M}\right| \tag{2.12}$$

其中分辨系数 $\rho\in(0,1)$，灰熵计算中取 0.5，$i=1,2,\cdots\cdots,m$，$k=1,2,\cdots\cdots,n$。

（5）灰熵

设灰内涵数列 $x_i=(x_1,x_2,\cdots\cdots,x_m)$，$\forall i$，$x_i\geqslant 0$，且 $\sum x_i=1$，称函数 $H(x)=-\sum x_i\ln(x_i)$ 为序列 X 的灰熵，x_i 为属性信息。

（6）灰关联熵与灰熵关联度

设 X 为灰关联因子集，$x_0\in x$ 为参考列，$x_i\in x(i=1,2,\cdots\cdots,m)$

$$R_i=\{\xi[x_0(k),x_i(k)]\} \tag{2.13}$$

则：

$$P_h\triangleq\frac{\xi[x_0(k),x_i(k)]}{\sum_{k=1}^n\xi[x_0(k),x_i(k)]} \tag{2.14}$$

$P_h\in P_i(h=1,2,\cdots\cdots,n)$，$P_\Delta$ 为分布的密度值。

X_i 的灰关联熵表示为：

$$H(R_i)\triangleq-\sum_{k=1}^n P_h\ln(P_h) \tag{2.15}$$

序列 x_i 的灰熵关联度为：

$$E(x_i) \triangleq \frac{H(R_i)}{H_{\max}} \tag{2.16}$$

其中 $H_{\max} = \ln(n)$，为 n 个元素构成的差异信息列的最大熵。

根据灰熵关联度准则：比较列的灰熵关联度越大，则比较列与参考列的关联性越强；同时灰熵关联度大小可用来确定主要因素，灰熵关联度越大，影响越显著。

以稳定性为参考列，平均粒径、D90、不均匀系数、Zeta 电位及界面张力为被比较序列，按上述理论公式计算序列之间的灰熵关联度，如图 2.15 所示。

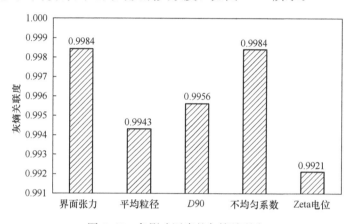

图 2.15　各影响因素的灰熵关联度

由上图 2.15 可知，界面张力、平均粒径大小、D90、不均匀系数及 Zeta 电位与稳定性关联性都较好，灰熵关联度都大于 0.99，其中界面张力、粒径不均匀系数关联程度最大，其次是 D90 与平均粒径，Zeta 电位与乳化沥青稳定性关联度相对最小。因此，在考察乳液体系的稳定时，如果不方便测试乳化沥青界面张力，那么可以测试乳化沥青的粒径大小分布，包括平均粒径、D90 以及不均匀系数，尤其是不均匀系数、D90 与稳定性的关联性要大于平均粒径（D50），这也间接地证明了采用不均性系数与 D90 指标评价粒径大小与分布的合理性。

2.5　乳化沥青接触角测试与分析

2.5.1　实验方法及原理

接触角测试采用德国 KRUSS 接触角仪 DSA30，如图 2.16 所示。接触角测量范围：$0 \sim 180°$，可读精度 $0.01°$；表面张力测量范围：$0.01 \sim 2000\text{mN/m}$；温度范围：$-60 \sim 400℃$；分辨率：$0.01\text{mN/m}$；位移系统采用软件控制全 xyz 三轴移动，速度、行程可调，可实现多点连续自动测量。

接触角是液-气界面与固体表面所夹的角度，也是润湿程度的量度。对于给定的系统，接触角是唯一的，并且与三界面的相互作用相对应。通常情况下，接触角概念是利用一小液滴停置于平滑的水平固体表面来阐述的，角度对液体的形状起边界作用。

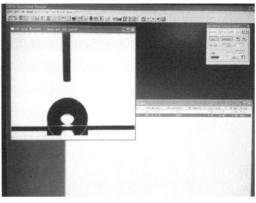

图 2.16　接触角测试设备及界面

接触角分析是通过测量液滴与均匀界面接触时的表面张力来表征表面的润湿性。测量的是液滴内分子的相互吸引与对趋向于固体表面的液体分子的吸引和排斥。考虑一液滴滴在固体表面上，如果液体分子被固体表面强烈吸附，液滴就会在固体表面完全铺开，表现出高亲水性，此时接触角接近零；较低亲水性的固体表面接触角可达 90°；如果固体表面是疏水的，接触角将会大于 90°。一滴液体落在水平固体表面上，在固体表面上液滴满足固-气、固-液、液-气三个界面张力下的受力平衡，形成的接触角与各界面张力平衡方程采用杨氏公式（Young Equation）表示，如式（2.17）、图 2.17 所示。因此接触角可以直接提供固-液表面相互作用能的信息。

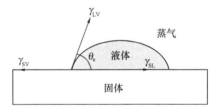

图 2.17　液体样品的接触角

$$\gamma_{SV} = \gamma_{LV}\cos\theta_e + \gamma_{SL} \qquad (2.17)$$

2.5.2　乳化剂类型对接触角的影响

选用 4 种乳化剂（M、A、T、L）与 SBR 胶乳，统一生产工艺制备乳化沥青和 SBR 改性乳化沥青，然后分别按照《公路沥青路面再生技术规范》JTG/T 5521—2019 和欧洲标准 EN 13074 的规定制作接触角试样，并进行测试，测试结果如图 2.18 所示。

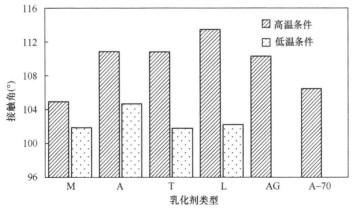

图 2.18　不同乳化剂类型制备乳化沥青的接触角

乳化沥青残留物铺展的界面极性不同，水对残留物的浸润程度也不一样，接触角越小，对残留物界面铺展程度越大，说明残留物亲水性好，反之则亲水性越差。从图 2.18 可以看出，蒸发条件不同残留物的接触角明显不同，且高温蒸发条件下残留物接触角大于低温蒸发条件的残留物接触角。具体而言，高温蒸发条件下，接触角排序为 L＞T＞A＞A-70＞M，与 A-70 测试的接触角对比分析，除了 M，其他 4 种包括加入 SBR 改性剂后的乳化沥青都有增大，即残留物与液滴内水分子的作用力减小，但减小的幅度不一，其中最大的是 L 型乳化剂。分析原因可能是沥青在高温与乳化剂的作用下，会导致其残留物微观结构和界面极性的改变，从而增加了残留物与水的接触角。而在低温蒸发条件下，残留物接触角排序为 A-70＞A＞L＞T＞M，不同乳化剂类型的残留物接触角均变小，说明水的浸润作用增加，分析原因可能是乳化沥青在低温蒸发条件下乳化剂的作用更加明显，残留物中有水或发生老化，沥青组成发生相应的变化从而改变界面性质。

进一步分析改性 SBR 乳化沥青残留物接触角发现：改性后的乳化沥青残留物与普通乳化沥青残留物接触角差别不明显，在不同残留物获取条件下的接触角变化特征也一致。总体来说不同类型乳化剂制备的乳化沥青所测试的界面接触角不同，高温蒸发条件与低温蒸发条件下测试的残留物接触角也不一致，从这一点上也说明了《公路沥青路面再生技术规范》JTG/T 5521—2019 所得残留物测试的方法与低温蒸发条件相差较大。

2.5.3 乳化剂用量对接触角的影响

选用一种乳化剂（A），变动 5 种不同的用量，统一生产工艺制备乳化沥青以及 SBR 改性乳化沥青，然后分别按照《公路沥青路面再生技术规范》JTG/T 5521—2019 和欧洲标准 EN 13074 的规定制作接触角试样并进行测试，测试结果如图 2.19 所示。

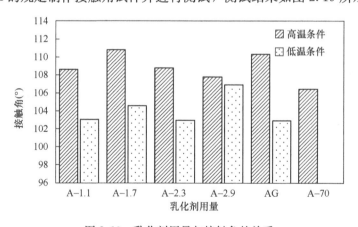

图 2.19　乳化剂用量与接触角的关系

从图 2.19 可以看出，不同质量分数乳化剂制备的乳化沥青残留物的接触角不同，表明乳化剂质量分数影响界面极性。高温蒸发条件下存在一个最大的接触角，相比基质沥青界面与水的接触角，整体增大；低温蒸发条件下存在一个最低的接触角，相比基质沥青界面与水的接触角，整体减小。这也再次说明了《公路沥青路面再生技术规范》JTG/T 5521—2019 所得残留物测试的方法与低温蒸发条件相差较大。

2.6　乳化沥青微观结构分析

2.6.1　AFM 工作原理及模式

（1）工作原理

AFM 是扫描探针显微镜的一种，利用针尖原子和样品原子间短程斥力所造成敏感的微悬臂弯曲变形（利用原子间的范德华力的作用来表现样品的表面特性，两者较近时，表现为斥力，反之表现为引力），激光扫描样品时，可以测量微悬臂的弯曲变形，在 x、y、z 位置压电扫描，通过转换器显示，如图 2.20 所示，以纳米级分辨率获得表面形貌结构信息及表面粗糙度信息。

（2）工作模式

AFM 包括 Contact Mode（接触模式）、Non-contact mode（非接触模式）和 Tapping Mode（轻敲模式）三种操作模式。如图 2.21 所示，敲击模式适合分析柔软、黏性样品，对样品不产生破坏，而沥青是一种黏稠状固体或半固体高分子材料，具有黏弹性材料特性，本书采用轻敲模式进行测试。

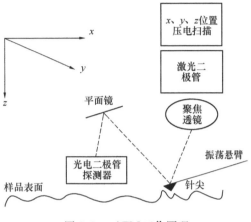

图 2.20　AFM 工作原理

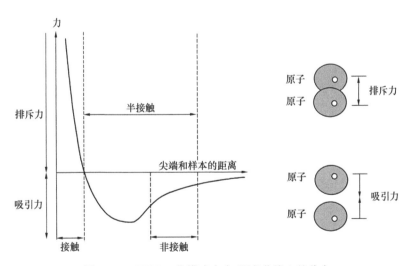

图 2.21　AFM 工作模式在力-距离曲线上的分布

2.6.2　试验方案

本试验采用英国布鲁克原子力显微镜（图 2.22）对乳化前后的沥青以及 SBR 改性与非改性的乳化沥青残留物进行测试，以获得沥青残留物样品微观形态，揭示沥青乳化机理以及乳化剂、改性剂、残留物获取方法对残留物的影响规律。样品要求表面平整光滑，将残留物沥青加热（普通沥青 130℃，改性乳化沥青 155℃）滴在 10mm×10mm×1mm 的载玻片上（直径 10mm），然后冷却至约 25℃，选取每个样品 3～5 个区域（$10\mu m\times10\mu m$），采用 Tapping Mode 在样品表面扫描，利用自带软件（NanoScope Analysis 1.20）对原子力显微镜测试结果分析处理。

图 2.22　本试验采用英国布鲁克原子力显微镜及工作界面

2.6.3　结果分析

1. 微观形貌及特征分析

采用原子显微镜观察沥青微观结构时，会发现一种特有结构，由一些明暗相间的条纹组成，一般称之为蜂形结构。Loeber 认为"蜂形"结构出现是由于沥青质胶团引起的，由于沥青质本身的极性、分子结构等特点与周围沥青分子的化学性质相差较大，难以被周围分子溶解分散，致使沥青质被析出后形成明暗相间的条纹。

5 种不同材料的 AFM 试验结果如图 2.23～图 2.27 所示。

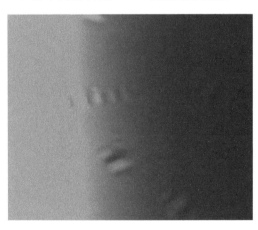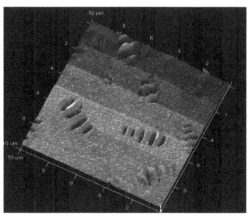

图 2.23　A-70 AFM 的图像

（1）从图 2.23 可以看出，石油沥青 A-70（未添加任何外加剂），其表面形态较为光滑，存在少量结构尺寸较小且分布均匀的峰状结构，最大峰高值为 88.9 nm。

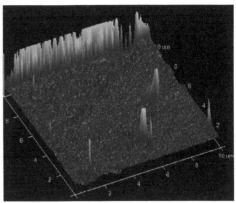

图 2.24　A-70 乳化后的沥青残留物 AFM 图像（低温蒸发法）

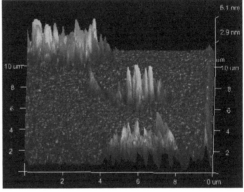

图 2.25　A-70＋SBR 乳化后的沥青残留物 AFM 图像（低温）

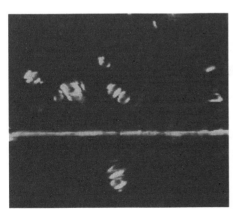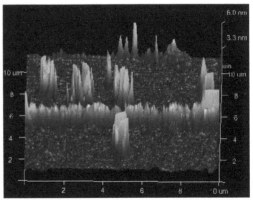

图 2.26　A-70 乳化后的沥青残留物 AFM 图像（高温）

（2）AFM 图像中，白色峰状区域，颜色越亮表征该处山峰高值越大；白色区域面积和数量越多表征其沥青质含量越高。石油沥青 A-70 被乳化后无论在低温蒸发条件下还是高温蒸发条件下获得的沥青残留物白色区域面积和数量均有明显增加，A-70 乳化沥青与SBR＋A-70 乳化沥青在低温蒸发下获得的残留物的最大峰高值分别为 150.6nm、

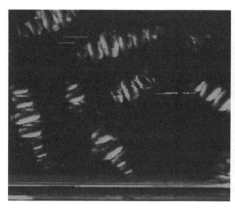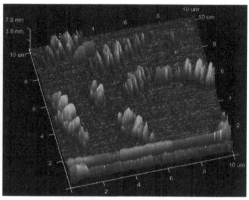

图 2.27　A-70＋SBR 乳化后的沥青残留物 AFM 图像（高温）

174.6nm；A-70 乳化沥青与 SBR＋A-70 乳化沥青在高温蒸发下获得的残留物的最大峰高值分别为 466.9nm、555.2nm，结果表明：沥青经过乳化后轻质油分（芳香分）含量会减少，沥青质含量会增加，从而沥青质在沥青中的分散状况变差一些，使得更多大分子物质缔合在一起，使沥青表面峰宽和峰高明显增加，经乳化后对表面结构形态影响较大。其次对比高温蒸发方法与低温蒸发方法获取残留物的变化时发现：高温蒸发方法的残留物白色区域的面积和数量多于低温蒸发方法，说明高温蒸发方法对乳化沥青残留物的微观结构影响更大一些。

（3）分析图 2.26、图 2.27 时发现：经过高温蒸发方法的乳化沥青残留物 AFM 图像中，有 1 条较长和多条较短的带状物并连接贯穿图像表面，另外还有片状褶皱的形成。根据 Zhang 等人研究成果，在微观图像中出现褶皱与带状物连接，意味表面活性剂（乳化剂）与基质沥青产生了相关反应及相当稳定的结构（片状褶皱的形成一般带有 O_2^- 和 H^+ 的交换缩合反应，并产生了化学胶结结构）由此可知，乳化剂和基质沥青在高温下会反应时会发生物理和化学交叉耦合作用，也就是通常所说的乳化剂和沥青粒子之间的体积膨胀与重组，而且 SBR 改性乳化沥青残留物在高温下蜂形结构更明显，发生的反应更剧烈。SBR 改性乳化沥青残留物白色区域面积和数量也多于普通乳化沥青残留物。

2. 粗糙度分析

在 AFM 测试高程图中，沥青表面并非肉眼所看到的平整，沥青乳化前后表面状况有所变化。为表征单个蜂形结构形态与整个表面微观形貌，用均方根粗糙度 R_q（nm）表示，均方根粗糙度定义如式（2.18）所示。

$$R_q = \sqrt{\frac{\Sigma Z_i^2}{N}} \tag{2.18}$$

式中　N——扫描点个数（个）；

　　　Z_i——各扫描的高度（nm）。

通过 NanoScope Analysis 中 Roughness 模块可求得每幅 AFM 图像的 R_q，但须将 AFM 图像进行降噪以及整体调平处理，粗糙度 R_q 的统计结果如表 2.10 所示。

各种不同样品粗糙度结果　　　　表 2.10

样品种类	A-70	低温蒸发法获取残留物		高温蒸发法获取残留物	
		普通乳化沥青	SBR 乳化沥青	普通乳化沥青	SBR 乳化沥青
R_q (nm)	8.09	3.04	2.59	3.68	7.32

　　分析表 2.10 发现，A-70 基质沥青乳化后，残留物粗糙度整体有一定程度减少，其中低温蒸发方法下残留物粗糙度最小，高温蒸发方法下残留物粗糙度小一些，微观结构有均匀化趋势，表明乳化剂对沥青表面微观形貌影响较大。其原因可能是 R_q 与材料本身特性关系密切，沥青组分在乳化过程中发生了物理化学变化。

　　3. 原子力曲线测试分析

　　原子力测试采用轻敲模式（Tapping Model），测试过程及典型力曲线如图 2.28 所示。

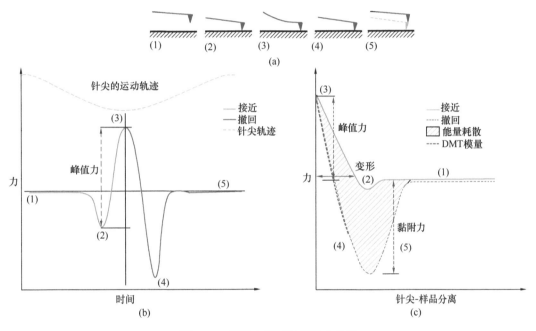

图 2.28　原子力测试过程及力曲线

　　为对比不同残留物与基质沥青纳观黏附力的大小，五种沥青的力曲线测试数据如表 2.11 所示。

各种不同沥青样品黏附力测试结果　　　　表 2.11

样品种类	A-70	低温蒸发法获取残留物		高温蒸发法获取残留物	
		普通乳化沥青	SBR 乳化沥青	普通乳化沥青	SBR 乳化沥青
最大黏附力（nN）	19.9	35.3	181.9	163.8	182.7
平均黏附力（nN）	8.7	17.7	131.4	103.9	88.5

　　分析图 2.29～图 2.33 不同沥青样品黏附力图像可知：高温蒸发条件下 SBR 改性乳化沥青黏附力上升幅度最大，其次是低温蒸发条件下 SBR 乳化沥青与高温蒸发条件下普通乳化沥青，低温蒸发条件下普通乳化沥青上升幅度最小。无论是高温蒸发法还是低温蒸

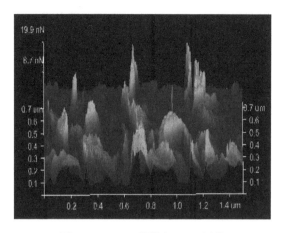

图 2.29　A-70 黏附力 AFM 图像

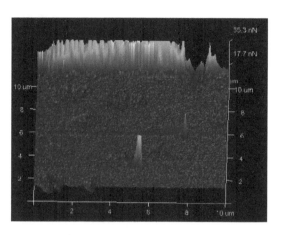

图 2.30　普通乳化沥青黏附力 AFM 图像（低温）

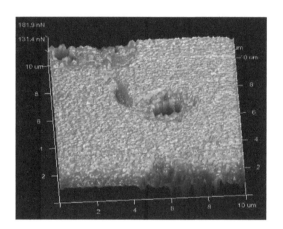

图 2.31　SBR 乳化沥青黏附力 AFM 图像（低温）

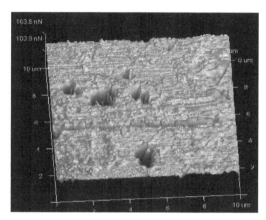

图 2.32　普通乳化沥青黏附力 AFM 图像（高温）

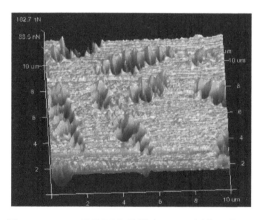

图 2.33　SBR 乳化沥青黏附力 AFM 图像（高温）

发法，SBR 改性乳化沥青残留物黏附力均大于普通乳化沥青残留物，且高温蒸发法下 SBR 改性乳化沥青残留物的最大黏附力偏大，平均黏附力偏小（更加均匀些），这与蜂形结构的形貌特征表现基本一致。A-70 沥青经乳化后黏附力均有所上升，这与吴乃明

（2013）研究结论一致。

2.7　小结

本章选用代表性的 4 种冷再生乳化剂，在 5 种不同用量下添加一种 SBR 胶乳制备了 9 种不同的乳化沥青（包括 SBR 改性乳化沥青），对其乳液体系的颗粒粒径大小及分布、Zeta 电位、界面张力、接触角以及原子力显微镜进行研究分析，小结如下：

（1）通过开展冷再生用乳化剂种类、用量及 SBR 胶乳对乳化沥青粒径、Zeta 电位、界面张力及稳定性与接触角等方面试验研究，结果表明：乳化沥青 Zeta 电位与稳定性能呈线性正相关，随乳化剂用量增加，Zeta 电位明显增加。乳化沥青界面张力与稳定性能呈线性负相关；乳化剂用量对界面张力和稳定性影响显著，随着乳化剂用量增加，界面张力显著减小，当乳化剂用量达到一定时，趋于稳定。残留物获取方式对残留物与水的接触角有明显影响，高温蒸发条件下接触角增大，而低温蒸发条件下接触角减小；SBR 与乳化剂用量对接触角影响较小。灰熵关联分析表明界面张力、粒径不均匀系数与乳化沥青稳定性相关性最好，其次是 $D90$ 与平均粒径，Zeta 电位最小。提出了表征评价乳化沥青粒径大小及分布特征的关键指标及要求，从微观层面推荐了冷再生用乳化沥青性能评价指标及要求。

（2）基于原子力显微镜研究了普通乳化沥青与 SBR 改性乳化沥青在不同残留物获取方法下的微观形貌及特征。结果表明：经过乳化后沥青表面峰宽和峰高明显增加，且高温蒸发方法下残留物白色区域面积与数量多于低温蒸发方法；乳化剂和 A-70 在高温下发生物理和化学交叉耦合作用，在高温下 SBR 改性乳化沥青残留物反应更加明显。沥青乳化后残留物粗糙度整体减小，低温蒸发下残留物粗糙度最小，微观结构有均匀化的趋势；乳化后残留物黏附力均有所上升，SBR 改性残留物黏附力大于普通残留物，且高温蒸发下残留物最大黏附力偏大，平均黏附力偏小。

本 章 参 考 文 献

[1]　虎增福. 道路用乳化沥青的生产与应用[M]. 北京：人民交通出版社，2012.
[2]　刘尚乐. 乳化沥青及其在道路、建筑工程中的应用[M]. 北京：中国建材工业出版社，2008.
[3]　龚陶然. 透层乳化沥青贮存稳定性的研究[D]. 长沙：长沙理工大学，2011.
[4]　顾惕人. 表面化学[M]. 北京：科学出版社，2003.
[5]　邓聚龙. 灰色系统理论教程[M]. 武汉：华中理工大学出版社，1990.
[6]　张岐山，郭喜江，邓聚龙. 灰关联熵分析方法[J]. 系统工程理论与实践，1996，16(8)：7-11.
[7]　田冬梅，邓德华，刘赞群，等. 水对水泥乳化沥青砂浆的表面润湿性[J]. 铁道科学与工程学报，2012，9(6)：48-53.
[8]　刘东平，王丽梅，牛金海，等. 材料分析技术[M]. 北京：科学出版社，2010.
[9]　张铭铭. 多聚磷酸改性沥青微观结构及技术性能研究[D]. 西安：长安大学，2012.
[10]　庞骁奕. 基于 AFM 与表面能原理的沥青与集料粘附特性分析[D]. 哈尔滨：哈尔滨工业大学，2015.
[11]　姚辉，李亮，杨小礼，等. 纳米材料改性沥青的微观和力学性能研究[J]. 建筑材料学报，2011，

14(5)：712-717.

[12] 吴乃明. 温拌沥青对沥青混合料性能影响研究[D]. 哈尔滨：东北林业大学，2013.

[13] 樊钊甫. 基于沥青老化的沥青微观特性基础理论研究[D]. 广州：华南理工大学，2016.

[14] Loeber L，Sutton O，Morel J，et al. New direct observations of asphalts and asphalt binder by scanning electron microscopy and atomic force microscopy[J]. Journal of Microscopy，1996，182：3239.

[15] Zhang Ji，Wang Jun-long，Wu Yi-qian. et al. Preparation and properties of organic palygorskite SBR/organic palygors-kite compound and asphalt modified with the compound[J]. Construction and Building Materials. 2008，22(8)：1820-1830.

第3章 乳化沥青蒸发残留物获取方法及流变特性研究

乳化沥青蒸发残留物的性能直接决定了乳化沥青最终使用性能，在室内测试时能真实而又准确地反映乳化沥青残留物性能指标，与残留物获取方法密不可分，不同获取方法的残留物其性能测试结果不同，因此，选择恰当的残留物获取方法是准确表征乳化沥青性能的前提条件，理想的乳化沥青残留物获取方法应具有以下特点：模拟使用条件最真实，水分能完全去除，合适的实验时间，准确的测试结果，较低的测试设备成本。本章主要针对乳化沥青蒸发残留物获取方法及残留物流变特性等方面进行研究，以期对乳化沥青性能评价方法提出建议，并深入认识材料特性及其作用机制。

3.1 乳化沥青蒸残物实验方法对比

3.1.1 蒸发法

1. 直接加热蒸发法

国内和日本均采用这种方法，其工艺特点如表 3.1 所示。

国内外直接加热法获取乳化沥青残留物 表 3.1

获取方法及工艺	特点分析
国内和日本直接加热法 在试样容器内称取搅拌均匀的乳化沥青试样 300±1g，将乳化沥青置于电炉或燃气炉（放置有石棉垫）上缓缓加热，边加热边搅拌，其加热温度不应致乳液溢溅，直至确认试样中的水分完全蒸发，这个过程一般需要 20～30min，然后在 163±3.0℃温度下加热 1min，灌模后进行蒸发残留物的指标测试	直接加热蒸发获取乳化沥青蒸发残留物方法简便易行，对试验设备要求不高，但试验过程中加热强度及升温速率不一致，不同试验人员对乳化沥青加热终止点判断各不相同，受试验人员主观因素影响大，且高温对残留物组分影响大。

2. 烘箱加热蒸发法

烘箱加热法主要有美国 ASTM（美国材料与实验协会：American Society of Testing Materials）ASTM D244 烘箱加热法和美国加利福尼亚州烘箱加热法，其工艺特点如表 3.2所示。

3. 低温蒸发法

冷再生乳化沥青体系经常是在常温下破乳形成粘结力，为真实反映其路用性能，并充分模拟路面的使用环境并获取足够测试样品，研究者开始对较低温度下获取乳化沥青残留物开展研究，主要有欧洲标准 EN13074（等同于英国标准 BS EN13074-1：2001 和 BS 2000-493：2001）、美国 ASTM D7497 与新西兰低温蒸发方法，其工艺特点如表 3.3 所示。

国外烘箱加热法乳化沥青获取残留物 表 3.2

获取方法及工艺	特点分析
ASTM D244 烘箱加热法 取四个容量为 1000mL 的烧杯，分别倒入搅拌均匀的乳液 50±0.1g；然后放入温度为 163±2.8℃的烘箱中加热 2h，取出并彻底搅拌，再放入烘箱中加热 1h 后取出，进行残留物指标测试。 加利福尼亚州烘箱加热法 取乳化沥青 40±0.1g，在 118℃条件下保温 30min，然后升温到 138℃条件下保温 1.5h；搅拌均匀后再在 130℃条件下保温 1h，将获得的残留物制成相关的试件，测试相应的残留物性质指标	相对于直接加热法，烘箱加热法对乳化沥青中水分蒸发的温度和时间进行了明确规定，减少了因加热温度和时间控制不一对试验结果造成的差别

国外低温蒸发法获取乳化沥青残留物 表 3.3

获取方法及工艺	特点分析
EN13074 将适量（1.5～2.0kg/m²，用量可根据后期残留物试验所需确定）的乳化沥青倾倒于不黏的托盘中；然后先于室温下放置 24±1h，然后置于 50±2℃烘箱中再放置 24±1h；冷却至室温后移盘托盘，再进行测试其性能	明确了后续温度的设定，通过加热到沥青软化点上 80～100℃进行残留物均匀化处理
ASTM D7497 将乳化沥青按 1.5～2.0kg/m² 涂覆在硅橡胶板上；然后将硅橡胶板置入 25±2℃的强制鼓风烘箱，在此条件下保持 24±1h，然后置入 60±2℃的强制鼓风烘箱，在此条件下保持 24±1h；再将硅橡胶板连同乳化沥青残留物移出烘箱，在实验室环境条件下冷却 1h 之后脱去硅橡胶板	未对乳化沥青残留物的后续处理作进一步说明
新西兰低温蒸发方法 规定将 2mm 厚度的乳化沥青在钢盘托盘中放置 26.5h，温度设定为 50℃；然后升温至 70～80℃将残留物从托盘中取出，将托盘中残留物进行混合；继续加热并在 130℃（聚合物改性乳化沥青为 155℃）条件下放置 1～1.5h 后再做后续性能测试	与欧洲标准相比较，在后续残留物处理上更明确了一步，规定了残留物均匀化处理的具体温度和时间

　　三种方法属于低温常压蒸发过程，基本接近乳化沥青应用条件，所得残留物可较好地反映试样实际；实验过程简便，处理乳化沥青量可调；不受外界环境影响；但是周期偏长，无法在短时间内得到结果，另外由于温度较低能否处理较高黏度的乳化沥青有待进一步的研究。

3.1.2 蒸馏法

　　蒸馏法中比较有代表性的是美国 ASTM 中提及的 D6997 和 D7403，如表 3.4 所示。

获取方法及工艺	特点分析
美国蒸馏法获取乳化沥青残留物	
ASTM D6997 　采用高约 241.3mm，内径 95.3mm 铝合金蒸馏釜，以环形燃烧器为热源，蒸馏釜中乳化沥青装入量为 200±0.1g；环形燃烧器的初始位置在距釜底 152.4mm 处，当下部温度读数为 215℃时，移动环形燃烧器使其接近釜底，在 260℃的温度下蒸馏 15min（改性乳化沥青蒸馏温度 204℃），从而实现乳化沥青中的水与沥青分离，从开始加热到结束，在 60±15min 内完成蒸馏	属于常压蒸馏脱水，实验时间为 1h，处理乳化沥青量大，可提供较多残留物，没有外界因素影响，其自动化程度低，部分环节需要特别专注，试验温度始终较高，对乳化沥青残留物和其中聚合物产生影响，目前尚无研究证明能否适用于聚合物改性沥青
ASTM D7403 　采用减压蒸馏设备，在 60min 内测定乳化沥青 135℃下蒸馏残留物的含量，实验前对乳化沥青冷冻处理，然后将完全冷冻的试样装入蒸馏釜；采用高约 241.3mm，内径 95.3mm 铝合金蒸馏釜，以环形燃烧器为热源；蒸馏釜中乳化沥青装入量为 200±0.1g；在 88kPa 表压下用环形燃烧器，其初始位置在距釜底 200mm 处，当上部温度上升约 149℃时，降低环形燃烧器温度直至 135±5℃，并在此温度下保持 10min	采用低温减压蒸馏方法，实验温度相对较低，以减少残留物在高温情况下蒸馏所产生的影响；与 ASTM D6997 一样，实验时间为 1h，相对较快，获取残留物较多，没有外界的影响，自动化程度低，需要专注实验环节

表 3.4

　　蒸馏方法目前在美国测试乳化沥青残留物含量及残留物性质时应用较广，但由于该方法采用的蒸馏温度较高，如果实验控制不好，容易造成乳化沥青残留物的老化，另外在安全性和操作性以及设备要求方面提出了更高地要求。

　　乳化沥青残留物中的水分是影响残留物性能的重要因素，水分的存在与否也是判断乳化沥青是否完成固化阶段的依据，因此，设计了一组实验，测试三种不同乳化剂制备的乳化沥青经过三个阶段水分蒸发情况，第一阶段室温下（25℃）放置 24h；第二阶段 50℃条件下放置鼓风烘箱中 24h，第三阶段在 130℃条件下放置鼓风烘箱中 1h，试验结果如图 3.1 所示。

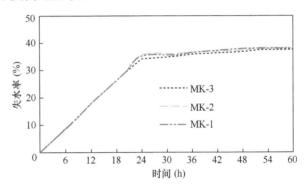

图 3.1　乳化沥青在不同的放置时间下的失水率

　　从图 3.1 可以看出：第一阶段（0～24h）室温下失水率较快，且大部分水分在第一阶段散失，第二阶段（24～48h）在 50℃鼓风烘箱条件下，有 2.8%～3.3%的水分散失；第三阶段（48～49h），130℃条件下，约 0.8%～1.2%的水分散失。

　　乳化沥青残留物性能评价是乳化沥青质量控制的必要手段，因此，科学合理地获取乳化沥青残留物方法至关重要，不管是直接加热还是烘箱加热，均采用了较高的蒸发温度（>100℃）移除水分并获取残留物，而低温蒸发法将乳化沥青在常温气流下进行蒸发，模拟乳化沥青实际应用过程中环境条件并获取残留物。在欧洲标准 EN13074、美国材料与实验协会标准 ASTM D7497 及新西兰低温蒸发方法的基础上，进一步明确了低温蒸发方法各阶段参数，具体过程如图 3.2 所示。

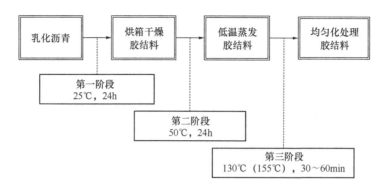

图 3.2 乳化沥青低温蒸发法获取残留物过程

3.2 乳化沥青基础指标测试与分析

3.2.1 残留物指标测试与分析

同一乳化工艺条件下制备 7 种不同乳化沥青，按照《公路沥青路面再生技术规范》JTG/T 5521—2019 高温蒸发方法及图 3.2 的低温蒸发过程获取残留物，并对其进行基础性能指标测试，测试结果如表 3.5、表 3.6 所示。

高温蒸发残留物实验结果 表 3.5

种类	针入度（0.1mm）	软化点（℃）	15℃延度（cm）	135℃旋转黏度（MPa·s）
A-70	66.0	48.7	150	400
R_M	68.9	49.8	52.6	431
$R_{A-1.1}$	62.0	49.1	127.3	417
$R_{A-1.7}$	64.6	48.9	87.3	426
$R_{A-2.3}$	72.6	49.2	51.9	431
$R_{A-2.9}$	67.1	49.2	65.3	444
R_L	66.2	48.2	76.3	402
R_T	66.7	50.4	69.8	439

低温蒸发残留物实验结果 表 3.6

种类	针入度（0.1mm）	软化点（℃）	15℃延度（cm）	135℃旋转黏度（MPa·s）
A-70	66.0	48.7	150	400
R_M	55.7	51.7	38.6	455
$R_{A-1.1}$	54.2	50.7	43.4	451
$R_{A-1.7}$	54.2	51.1	39.8	454
$R_{A-2.3}$	58.1	51.4	50.3	461
$R_{A-2.9}$	51.2	50.9	42.2	453
R_L	59.9	50.2	37.4	451
R_T	60.2	50.9	94.6	453

1. 针入度

对 4 种不同冷再生用乳化剂制备的乳化沥青残留物及一种添加 SBR 胶乳的乳化沥青残留物进行针入度指标分析，如图 3.3、图 3.4 所示。

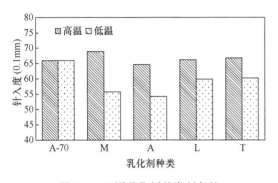

图 3.3　不同乳化剂种类制备的
乳化沥青残留物针入度

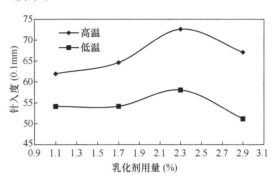

图 3.4　乳化剂用量对残留物
针入度的影响

从图 3.3 可以看出，与 A-70 对比分析来看，在高温蒸发条件下，R_M、R_A、R_L、R_T 4 种不同残留物中，其中 3 种残留物 R_M、R_T、R_L 的针入度不同程度提高，增加幅度分别为 4.3%，1.1%，0.3%，R_A 残留物略有降低，降幅为 2.1%；低温蒸发条件下，R_M、R_A、R_L、R_T 4 种残留物针入度全部降低，降低幅度分别为 15.6%，17.9%，9.3%，8.8%，且低温蒸发残留物针入度指标整体小于高温蒸发残留物针入度指标。

从图 3.4 可以看出，无论是高温蒸发还是低温蒸发，同一乳化剂 4 种不同掺量的乳化沥青残留物针入度指标变化趋势中可知，均存在一个乳化剂用量 2.3% 时针入度指标最大，当乳化剂用量从 1.1%～2.3% 变化时，针入度指标随着乳化剂用量增加而增大，当乳化剂用量从 2.3%～2.9% 变化时，针入度指标随着乳化剂用量增加反而降低，且低温蒸发法下残留物的针入度指标均小于高温蒸发法所得残留物针入度指标。

2. 延度

对 4 种不同冷再生用乳化剂制备的乳化沥青残留物及一种添加 SBR 胶乳的乳化沥青残留物进行延度指标分析，如图 3.5、图 3.6 所示。

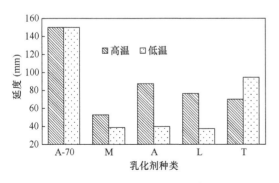

图 3.5　不同乳化剂种类制备的
乳化沥青残留物延度

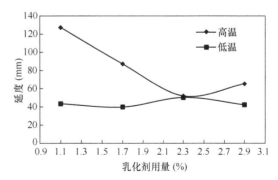

图 3.6　乳化剂用量对残留物
延度的影响

从图 3.5 可以看出，与 A-70 对比来看，无论是高温蒸发条件还是低温蒸发条件下获得的残留物延度指标均有不同程度下降，在高温蒸发条件下，R_M、R_A、R_L、R_T 残留物降低幅度分别为 64.9％，41.8％，49.1％，53.4％；低温蒸发条件下，R_M、R_A、R_L、R_T 4 种残留物降低幅度分别为 74.3％，73.5％，75.1％，37％，低温蒸发条件下残留物延度指标均小于高温蒸发条件下的残留物延度指标。

从图 3.6 可以看出，高温蒸发件下，乳化剂用量对残留物延度指标影响明显，当用量从 1.1％～2.3％时，延度一直下降，当用量从 2.3％～2.9％时，延度略有回升，低温蒸发条件下，乳化剂用量对残留物延度指标影响不明显。

3. 软化点

对 4 种不同冷再生用乳化剂制备的乳化沥青残留物及一种添加 SBR 胶乳的乳化沥青残留物进行软化点指标分析，如图 3.7、图 3.8 所示。

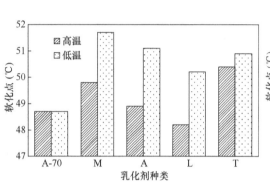

图 3.7　不同乳化剂种类制备的乳化沥青残留物软化点

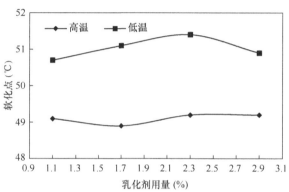

图 3.8　乳化剂用量对残留物软化点的影响

从图 3.7 可以看出，与 A-70 对比来看，高温蒸发条件下除 R_L 稍降低外，软化点指标都有不同程度提高，R_M、R_A、R_T 残留物增加幅度分别为 2.3％，0.4％，3.5％；低温蒸发条件下 4 种不同乳化剂制备乳化沥青的残留物软化点指标有不同程度提升，R_M、R_A、R_L、R_T 增加幅度分别为 6.2％，4.9％，3.1％，4.5％，且低温条件下软化点指标增加的幅度大于低温条件。

从图 3.8 可以看出，与 A-70 对比来看，高温蒸发条件下，随着乳化剂用量的增加残留物软化点有不同程度提升，但变化趋势很小，当乳化剂用量为 1.1％，1.7％，2.3％，2.9％时，软化点分别增加 0.8％，0.4％，1.0％，1.0％；低温蒸发条件下，4 种不同乳化剂用量对软化点都有提升，当乳化剂用量为 1.1％、1.7％、2.3％、2.9％时，软化点分别增加 4.1％、4.9％、5.5％、4.5％。

4. 黏度

对 4 种冷再生用乳化剂制备的乳化沥青残留物及一种添加 SBR 胶乳的乳化沥青残留物进行 135℃黏度指标分析，如图 3.9、图 3.10 所示。

从图 3.9 可以看出，与 A-70 对比来看，高温蒸发条件下，除 R_L 的 135℃黏度略有降低外，R_M、R_A、R_T 都有不同程度的提高，增加幅度分别为 7.7％、6.5％、9.7％；低温蒸发条件下，4 种不同乳化剂制备乳化沥青的残留物 135℃黏度指标有不同程度的提升，

R_M、R_A、R_L、R_T增加幅度分别为 13.8%、13.5%、12.8%、13.3%。无论高温蒸发条件还是低温蒸发条件 4 种乳化剂制备的乳化沥青残留物 135℃黏度变化趋势与软化点一致，且低温蒸发条件变化幅度接近。

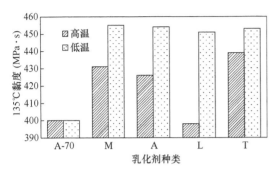

图 3.9　不同乳化剂种类制备的
乳化沥青残留物 135℃黏度

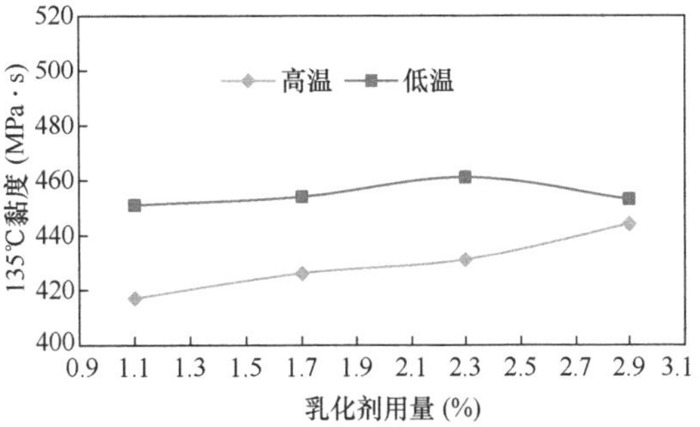

图 3.10　乳化剂用量对残留物 135℃黏度的影响

从图 3.10 可以看出，与 A-70 对比来看，高温蒸发条件下，4 种不同掺量的乳化剂对 135℃黏度有不同程度提升，呈整体上升趋势，乳化剂用量为 1.1%时增加 4.3%，1.7%时增加 6.5%，2.3%时增加 7.7%，2.9%时增加 11%；低温蒸发条件下，4 种不同掺量的乳化剂对 135℃黏度都有提升，乳化剂用量为 1.1%时增加 12.8%，乳化剂用量为 1.7%时增加 13.5%，乳化剂用量为 2.3%时增加 15.3%，乳化剂用量为 2.9%时增加 13.3%。

3.2.2　灰关联熵分析

为了分析乳化剂及用量、残留物获取方法对乳化沥青的影响，根据前文所述的灰关联熵的计算方法，以基质沥青的基础指标为参考值，高温蒸发条件下不同乳化剂种类（高温种类）和不同乳化剂用量残留物（高温掺量）的基础指标、低温蒸发条件下不同乳化剂种类（低温种类）和不同乳化剂用量残留物（低温掺量）的基础指标为被比较序列，计算序列之间的灰熵关联度。

由图 3.11 可知，灰熵关联度大小排序为：高温蒸发条件下不同掺量乳化剂制备乳化沥青残留物指标＞高温蒸发条件下不同种类乳化剂制备乳化沥青残留物指标＞低温蒸发条

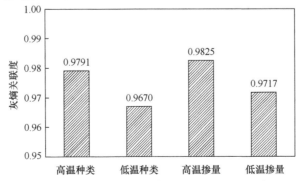

图 3.11　乳化沥青残留物在 4 种条件下与基质沥青的灰熵关联度

45

件下不同掺量乳化剂制备乳化沥青残留物指标＞低温蒸发条件下不同种类乳化剂制备乳化沥青残留物指标。这说明高温蒸发条件与低温蒸发条件下不同掺量、不同种类的乳化剂制备乳化沥青残留物指标与原沥青指标的相关性良好，高温蒸发条件下残留物与基质沥青指标相关性大于低温蒸发条件，且无论是高温蒸发条件还是低温蒸发条件，乳化剂用量与基质沥青的相关性大于乳化剂种类。

3.3 乳化沥青蒸发残留物动态流变剪切特性研究

3.3.1 动态剪切流变试验基本原理及试验方案

采用动态剪切流变仪（DSR）研究沥青材料高温流变性质，以复数剪切模量（G^*）和相位角（δ）来表征胶结料黏性和弹性性质，G^*是材料抵抗重复剪切变形总阻力的度量，δ是作用应力与由此而产生的应变之间的时间滞后，对于完全弹性材料而言，$\delta=0°$；对于牛顿液体而言，δ接近于$90°$，G^*与δ关系如图 3.12 所示，DSR 工作原理图如图 3.13所示。

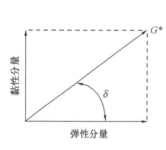

图 3.12　复数剪切模量与相位角关系图

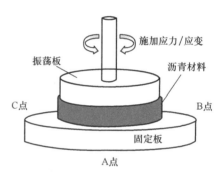

图 3.13　DSR 工作原理图

DSR 试验频率 10rad/s，施加荷载方式为连续正弦波，应力应变波形如图 3.14 所示。针对 A-70 与不同乳化剂种类及用量的乳化沥青残留物进行试验研究，通过开展

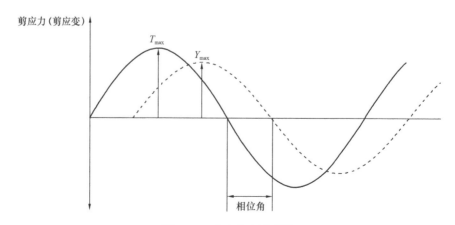

图 3.14　应力应变波形图

58℃、64℃、70℃、76℃和82℃ 5个温度条件下的 DSR 试验，对残留物流变特性进行分析。试验采用应变模式控制，原样沥青与旋转薄膜烘箱试验（RTFOT）后沥青应变值分别为 12% 与 10%。

3.3.2　残留物复数剪切模量结果与分析

1. 乳化剂种类对复数剪切模量的影响

为研究乳化剂种类对残留物复数剪切模量 G^* 的影响以及残留物获取方法间的差异，对 10 种残留物与 A-70 进行 DSR 试验，试验温度设置为 58℃、64℃、70℃、76℃ 和 82℃，采用频率为 10rad/s，得到不同温度下复数剪切模量，测试结果如表 3.7 所示。

10 种残留物与 A-70 复数剪切模量（kPa）　　　　　表 3.7

温度（℃）	高温蒸发法					低温蒸发法					A-70
	R_L	R_M	R_T	R_A	R_{AG}	R_L	R_M	R_T	R_A	R_{AG}	
58	4.28	4.62	5.99	4.59	1.54	5.30	6.51	5.83	5.67	7.85	5.55
64	1.93	2.08	2.57	2.08	1.25	2.52	2.91	2.62	2.53	3.56	2.43
70	0.90	0.98	1.21	1.00	0.52	1.30	1.35	1.22	1.17	1.67	1.12
76	0.46	0.49	0.61	0.51	0.18	0.78	0.67	0.60	0.58	0.82	0.56
82	0.25	0.27	0.33	0.28	0.07	0.53	0.35	0.33	0.31	0.43	0.29

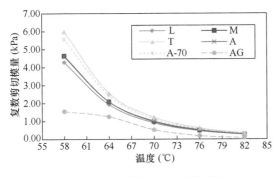

图 3.15　高温蒸发残留物复数剪切
模量随温度的变化

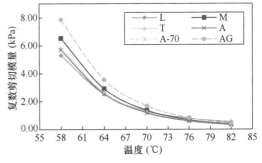

图 3.16　低温蒸发残留物复数剪切
模量随温度的变化

分析图 3.15、图 3.16 可知：

（1）高温蒸发条件下 4 种残留物在 70℃ 时测试的复数剪切模量，与 A-70 相比，除 R_T 增加 8% 外，R_L、R_M、R_A 分别降低 20%、13%、11%。低温蒸发条件下 4 种残留物在 70℃ 时测试的复数剪切模量，与 A-70 相比，均有不同程度升高，R_L、R_M、R_T、R_A 分别增加 15%、20%、9%、4%。可见残留物获取方法不同，其复数剪切模量有明显差异，且低温蒸发条件下获得的残留物复数剪切模量整体大于高温蒸发条件获取的。

（2）4 种不同乳化剂制备的乳化沥青残留物虽复数剪切模量大小不同，但无论是高温蒸发条件还是低温蒸发条件，其残留物复数剪切模量变化趋势一致，即随温度的升高而降低，温度偏低时，复数剪切模量相差较大，随温度的升高而趋于接近。经最小二乘法拟合曲线发现，基质沥青及4种残留物复数剪切模量随温度的变化趋势均符合乘幂函数特征，相关系数都在 0.99 以上。

（3）高温蒸发条件下 SBR 改性乳化沥青残留物复数剪切模量在 5 种不同温度下最低，相比 A-70 在 70℃时降低 54%，且变化曲线特征与其他 4 种普通残留物有明显差异，但在低温蒸发条件下 SBR 改性乳化沥青残留物在 5 种不同温度下，复数剪切模量最大，相比 A-70 在 70℃时增加 49%，且变化曲线特征与其他残留物一致，说明两种残留物获取方法得出的复数剪切模量不一致，分析存在原因，一方面可能由于采用 DSR 动态剪切方法评价改性乳化沥青残留物高温性能存在一些不足，另一方面是 SBR 改性乳化沥青在高温直接蒸发条件下获取残留物这种方法可能存在不妥，包括样品的均匀性，乳化剂改变残留物的微观结构。

2. 乳化剂用量对复数剪切模量的影响

为研究乳化剂用量对残留物复数剪切模量 G^* 的影响以及两种残留物获取方法间的差异，对 8 种残留物样品进行 DSR 试验，温度设置为 58℃、64℃、70℃、76℃和 82℃，频率为 10rad/s，得到不同温度下的复数剪切模量，如表 3.8 所示。

不同乳化剂用量的乳化沥青残留物复数剪切模量（kPa）　　　表 3.8

温度 （℃）	高温蒸发法				低温蒸发法			
	$R_{A-1.1}$	$R_{A-1.7}$	$R_{A-2.3}$	$R_{A-2.9}$	$R_{A-1.1}$	$R_{A-1.7}$	$R_{A-2.3}$	$R_{A-2.9}$
58	4.62	4.59	4.99	4.35	6.26	5.67	5.72	5.68
64	2.05	2.08	2.34	2.00	2.77	2.53	2.72	2.56
70	0.96	1.00	1.11	0.95	1.26	1.17	1.31	1.18
76	0.48	0.51	0.56	0.49	0.62	0.58	0.65	0.59
82	0.26	0.28	0.30	0.27	0.33	0.31	0.34	0.31

分析图 3.17、图 3.18 可知：

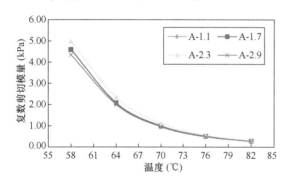

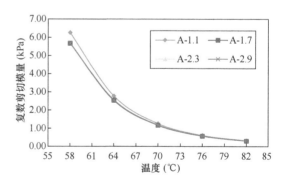

图 3.17　不同乳化剂用量下高温蒸发残留物的复数剪切模量随温度的变化

图 3.18　不同乳化剂用量下低温蒸发残留物的复数剪切模量随温度的变化

（1）高温蒸发条件下 4 种不同乳化剂用量的残留物在 70℃时测试的复数剪切模量，与 A-70 相比均有不同程度降低，$R_{A-1.1}$、$R_{A-1.7}$、$R_{A-2.3}$、$R_{A-2.9}$ 分别下降 15%、11%、1%、15%。低温蒸发条件下 4 种不同乳化剂用量下残留物在 70℃时测试的复数剪切模量，与

A-70 相比均有不同程度升高，$R_{A-1.1}$、$R_{A-1.7}$、$R_{A-2.3}$、$R_{A-2.9}$ 分别增加 13%、4%、17%、5%。可见残留物获取方法不同，其复数剪切模量有明显差异，且低温蒸发条件下复数剪切模量整体大于高温蒸发条件，这与不同种类乳化沥青残留物复数剪切模量在高温蒸发与低温蒸发时表现一致；而且无论是在高温蒸发条件还是在低温蒸发条件下，存在一个最佳乳化剂用量 2.3%，其残留物复数剪切模量最大。

（2）不同乳化剂用量的残留物复数剪切模量随温度变化特征一致，经最小二乘法拟合曲线，均满足乘幂函数关系，相关系数都在 0.99 以上，因此，对于非改性乳化沥青残留物而言，乳化剂用量并不改变残留物复数剪切模量随温度的变化趋势，且无论是高温蒸发还是低温蒸发获取残留物，复数剪切模量随温度的变化特征也趋于一致。

3.3.3　残留物相位角结果与分析

1. 乳化剂种类对相位角的影响

为研究乳化剂种类对残留物相位角的影响以及残留物获取方法间的差异，对 10 种不同乳化沥青残留物样品与 A-70 进行 DSR 试验，温度设置为 58℃、64℃、70℃、76℃ 和 82℃，频率为 10rad/s，得到的残留物相位角如表 3.9 所示。

10 种残留物与 A-70 的相位角（°）　　　　表 3.9

温度 （℃）	高温蒸发法					低温蒸发法					A-70
	R_L	R_M	R_T	R_A	R_{AG}	R_L	R_M	R_T	R_A	R_{AG}	
58	80.3	80.3	79.8	79.4	78.2	80.2	80.3	80.3	80.5	79.3	81.0
64	82.0	82.0	81.8	81.2	79.6	81.8	81.8	81.9	82.1	81.1	82.6
70	83.5	83.6	83.4	82.8	81.8	83.5	83.5	83.3	83.5	82.6	84.2
76	84.8	84.8	84.7	83.9	76.4	84.5	84.6	84.6	84.8	83.8	85.3
82	85.5	85.6	85.4	84.8	74.8	85.4	85.4	85.5	85.6	84.7	86.3

分析图 3.19、图 3.20 可以看出：

（1）高温蒸发条件下 4 种残留物在 70℃ 时测试的相位角，与 A-70 相比均有不同程度下降，R_L、R_M、R_T、R_A 分别降低 0.8%、0.7%、0.9%、1.6%。低温蒸发条件下 4 种残留物在 70℃ 时测试的相位角，与 A-70 相比也均有不同程度下降，R_L、R_M、R_T、R_A 分别降低 0.8%、0.7%、1.0%、0.7%。

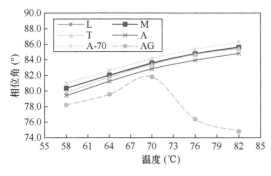

图 3.19　不同种类的乳化沥青高温蒸发
残留物相位角随温度的变化

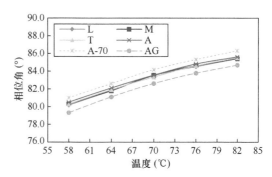

图 3.20　不同种类的乳化沥青低温
蒸发残留物相位角随温度的变化

（2）对于基质沥青及4种不同乳化剂制备的乳化沥青残留物，虽相位角大小不同，但无论是高温蒸发条件还是低温蒸发条件，残留物相位角随温度变化趋势一致，即随着温度升高，相位角增加，表现为残留物黏性指标增加。无论是高温蒸发条件还是低温蒸发条件，基质沥青及4种不同乳化剂制备乳化沥青的残留物相位角在5种温度条件下，都明显高于SBR改性乳化沥青残留物。

2. 乳化剂用量对相位角的影响

为研究乳化剂用量对残留物相位角的影响以及残留物获取方法间的差异，对8种残留物样品进行DSR试验，温度设置为58℃、64℃、70℃、76℃和82℃，频率为10rad/s，得到的残留物相位角如表3.10所示。

不同乳化剂用量下乳化沥青残留物相位角（°） 表3.10

温度 （℃）	高温蒸发法				低温蒸发法			
	$R_{A-1.1}$	$R_{A-1.7}$	$R_{A-2.3}$	$R_{A-2.9}$	$R_{A-1.1}$	$R_{A-1.7}$	$R_{A-2.3}$	$R_{A-2.9}$
58	80.2	79.4	80.0	79.0	80.8	80.5	80.3	80.1
64	82.0	81.2	81.9	80.9	82.4	82.1	81.9	81.7
70	83.4	82.8	83.4	82.5	83.8	83.5	83.3	83.1
76	84.6	83.9	84.5	83.6	85.0	84.8	84.5	84.3
82	85.4	84.8	85.3	84.5	85.8	85.6	85.3	85.1

分析图3.21、图3.22可知：

（1）高温蒸发条件下4种乳化剂用量的乳化沥青残留物在70℃时测试的相位角，与A-70相比均有不同程度降低，$R_{A-1.1}$、$R_{A-1.7}$、$R_{A-2.3}$、$R_{A-2.9}$分别下降0.9%、1.6%、0.9%、2.0%，其中影响最大的是2.9%的用量。低温蒸发条件下4种残留物在70℃时测试的相位角，与A-70相比也均有不同程度降低，$R_{A-1.1}$、$R_{A-1.7}$、$R_{A-2.3}$、$R_{A-2.9}$分别下降0.4%、0.7%、1.0%、1.2%，随着乳化剂用量增加，影响程度有增大的趋势，其中影响最大的是2.9%的用量。说明乳化剂在沥青中能使残留物的弹性增强，乳化剂用量越大，对相位角影响越大。

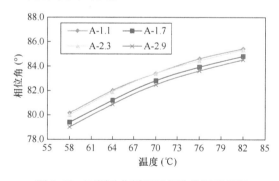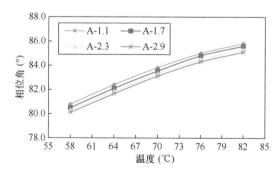

图3.21 不同乳化剂用量的乳化沥青高温
蒸发残留物相位角随温度的变化

图3.22 不同乳化剂用量的乳化沥青低温蒸发
残留物相位角随温度的变化

（2）无论是在高温蒸发条件还是在低温蒸发条件下，不同用量的乳化剂制备乳化沥青的残留物相位角随温度变化曲线特征一致，即随着温度升高，相位角增加。这说明对于非改性乳化沥青残留物而言，乳化剂用量不改变残留物曲线变化特征及趋势，且无论是高温蒸发条件还是低温蒸发条件获取残留物的相位角随温度变化的特征也趋于一致。

3.3.4　残留物车辙因子结果与分析

1. 乳化剂种类对残留物车辙因子的影响

根据 $G^*/\sin\delta$ 可以计算出不同种类残留物的车辙因子，数据结果如表 3.11 所示。

10 种残留物与 A-70 车辙因子（kPa）　　　　　　　　表 3.11

温度（℃）	高温蒸发法					低温蒸发法					A-70
	R_L	R_M	R_T	R_A	R_{AG}	R_L	R_M	R_T	R_A	R_{AG}	
58	4.34	4.69	6.09	4.67	1.57	5.38	6.61	5.91	5.75	7.99	5.62
64	1.95	2.10	2.59	2.10	1.27	2.55	2.94	2.65	2.56	3.61	2.45
70	0.91	0.98	1.22	1.01	0.53	1.30	1.36	1.23	1.18	1.69	1.13
76	0.46	0.49	0.62	0.51	0.19	0.79	0.67	0.61	0.58	0.82	0.56
82	0.25	0.27	0.33	0.28	0.07	0.53	0.35	0.33	0.31	0.43	0.30

分析图 3.23、图 3.24 可知：

（1）高温蒸发条件下 4 种残留物在 70℃时的车辙因子，与 A-70 的车辙因子 1.129kPa 相比，除 R_T 增加 8％外，R_L、R_M、R_A 分别降低 20％、13％、11％。低温蒸发条件下 4 种残留物在 70℃时的车辙因子，与 A-70 相比，均有不同程度升高，R_L、R_M、R_T、R_A 分别增加 15％、21％、9％、4％。可见不同乳化剂制备的乳化沥青残留物车辙因子不同，且低温蒸发条件下车辙因子整体大于高温蒸发条件，残留物获取方法的不同，其车辙因子也有明显差异。

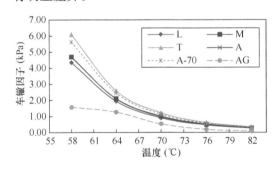

图 3.23　不同种类的乳化沥青高温蒸发
残留物车辙因子随温度的变化

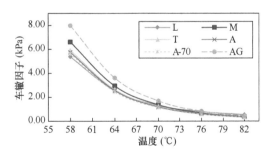

图 3.24　不同种类的乳化沥青低温蒸发
残留物车辙因子随温度的变化

（2）按照美国战略公路研究计划（SHRP）研究成果提出的沥青胶结料性能分级体系（Performance Grade），采用动态剪切流变试验的复数剪切模量 $|G^*|$ 与相位角 δ 来评价胶结料的高温性能，其中要求原样沥青车辙因子不小于 1.0kPa，旋转薄膜烘箱试验（RTFOT）老化后沥青的车辙因子不小于 2.2kPa。从试验数据可知，A-70 车辙因子为 1.129kPa，满足原样沥青车辙因子不小于 1.0kPa 的要求，在高温蒸发条件下，4 种残留物 70℃车辙因子仅有 R_T 与 R_A 车辙因子不小于 1.0kPa，R_L 与 R_M 残留物车辙因子都小于

1.0kPa，改变了 PG 分级的条件温度。在低温蒸发条件下，R_L、R_M、R_T、R_A 残留物 70℃车辙因子分别为 1.3kPa、1.4kPa、1.2kPa、1.2kPa，均大于原样沥青车辙因子 1.0kPa 的要求。

（3）对于 4 种不同乳化剂制备的乳化沥青的残留物，虽车辙因子大小不同，但无论是高温蒸发条件还是低温蒸发条件，残留物车辙因子随温度变化趋势一致，即随着温度升高，车辙因子降低，温度偏低时，车辙因子相差较大，随着温度的升高，均小于原样沥青车辙因子 1.0kPa 的要求，趋近于 0，即接近于完全黏性材料。经曲线拟合发现：A-70 及 4 种残留物车辙因子随温度的变化趋势符合乘幂函数，相关系数均在 0.99 以上。

（4）高温蒸发条件下 SBR 改性乳化沥青残留物的车辙因子在 5 种不同温度下均最低，相比 A-70 在 70℃时的车辙因子降低 53%，且变化曲线特征与其他普通残留物有明显差异，但在低温蒸发条件下 SBR 改性乳化沥青残留物在 5 种不同温度下，车辙因子最大，相比 A-70 在 70℃时的复数剪切模量增加 49%，且变化曲线特征与其他普通残留物一致，且无论是高温蒸发条件还是低温蒸发条件下残留物车辙因子的变化特征与复数剪切模量相一致。

2. 乳化剂用量对残留物车辙因子的影响

按照 $|G^*|/\sin\delta$ 可得到不同乳化剂用量的残留物车辙因子，数据结果如表 3.12 所示。

表 3.12

不同乳化剂用量的乳化沥青残留物车辙因子（kPa）

温度 (℃)	高温蒸发法				低温蒸发法			
	$R_{A\text{-}1.1}$	$R_{A\text{-}1.7}$	$R_{A\text{-}2.3}$	$R_{A\text{-}2.9}$	$R_{A\text{-}1.1}$	$R_{A\text{-}1.7}$	$R_{A\text{-}2.3}$	$R_{A\text{-}2.9}$
58	4.68	4.67	5.06	4.43	6.34	5.75	5.81	5.76
64	2.07	2.10	2.37	2.02	2.80	2.56	2.74	2.59
70	0.97	1.01	1.12	0.96	1.27	1.18	1.32	1.19
76	0.48	0.51	0.56	0.49	0.62	0.58	0.65	0.59
82	0.26	0.28	0.30	0.27	0.33	0.31	0.34	0.31

分析图 3.25、图 3.26 可知：

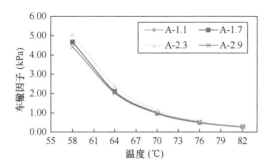

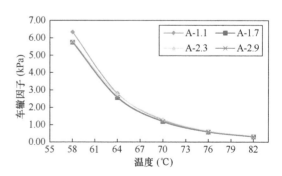

图 3.25 不同乳化剂用量的乳化沥青高温蒸发
残留物车辙因子随温度的变化

图 3.26 不同乳化剂用量的乳化沥青低温蒸发
残留物车辙因子随温度的变化

（1）高温蒸发条件下 4 种乳化剂用量的残留物在 70℃时车辙因子，与 A-70 号相比均有不同程度降低，$R_{A-1.1}$、$R_{A-1.7}$、$R_{A-2.3}$、$R_{A-2.9}$ 分别下降 15％、11％、1％、15％。低温蒸发条件下 4 种乳化剂用量的残留物在 70℃时车辙因子，与 A-70 号相比均有不同程度升高，$R_{A-1.1}$、$R_{A-1.7}$、$R_{A-2.3}$、$R_{A-2.9}$ 分别增加 13％、4％、17％、6％。因此，无论是高温蒸发条件还是在低温蒸发条件，从车辙因子角度分析，均存在一个最佳乳化剂用量 2.3％，其车辙因子最大，且低温蒸发条件下车辙因子大于高温蒸发条件。

（2）不同掺量乳化剂制备的乳化沥青残留物车辙因子随温度变化曲线特征一致，经最小二乘法拟合曲线，满足乘幂函数变化特征，相关系数都在 0.99 以上，因此，对于非改性乳化沥青残留物而言，乳化剂用量不改变其残留物车辙因子随温度变化的趋势，且无论是高温蒸发条件还是低温蒸发条件获取残留物车辙因子随温度变化的特征也趋于一致。

3.4　乳化沥青蒸发残留物蠕变特性研究

3.4.1　多应力蠕变实验基本原理及试验方案

1. 实验简介

重复蠕变恢复试验（MSCR）与 DSR 试验相比，主要是加载模式不同，如图 3.27 所示。DSR 试验为连续正弦波模式加载，加载周期可逆变化。MSCR 试验采用应力模式控制，加载方式为加载 1s，卸载 9s，连续 100 次循环的加卸载循环模式，属间歇式加载，其一与实际路面荷载加载模式接近；其二在加载间歇时间内延迟弹性变形能得到部分恢复，测得的残余变形更接近黏性流动变形。试验时应力水平一般采用 0.1kPa、3.2kPa，但作为评价指标时应力水平采用 3.2kPa。本书采用 25mm 平板，板间隙 1mm；试验温度采用 60℃，应力水平为 3.2kPa。

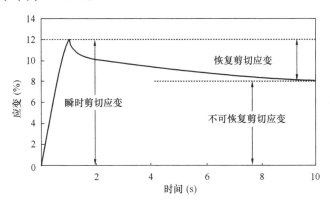

图 3.27　重复蠕变恢复试验（MSCR）示意图

2. 评价指标

（1）蠕变柔量 J_{nr}

由 Burgers 模型本构方程可知，每个应力水平下各蠕变恢复周期的蠕变柔量可由式（3.1）计算得出：

$$J_{nr} = \frac{\gamma_r - \gamma_0}{\tau} \qquad (3.1)$$

式中，τ 为蠕变应力。J_{nr} 越小，表明黏性流动变形越小，沥青高温抗变形能力越好，一般取 10 个周期的平均值得到每个应力水平下的不可恢复蠕变柔量 J_{nr}。

（2）恢复率 R

恢复率表示瞬时弹性变形占总变形的比例，表征弹性性能。由式（3.2）计算得出：

$$R = \frac{\gamma_c - \gamma_r}{\gamma_c - \gamma_0} \qquad (3.2)$$

上面两式中 γ_0 ——每个周期蠕变部分开始的初始应变值（%）；

              γ_c ——每个周期在蠕变阶段末的应变值（%）；

              γ_r ——每个周期在回复阶段末的应变值（%）。

R 值越大，说明弹性变形占总变形比例越大，不可恢复变形所占比例越小，弹性性能越好，在一定程度上反映沥青的抗变形能力。

3.4.2 残留物蠕变柔量结果与分析

1. 乳化剂种类对蠕变柔量的影响

为研究乳化剂种类对乳化沥青残留物蠕变柔量的影响，对 10 种乳化沥青残留物及 A-70 进行多重应力蠕变恢复试验，以探求其蠕变恢复特性，按式（3.1）计算不可恢复蠕变柔量 J_{nr}，其结果如表 3.13、图 3.28 所示。

不同乳化剂种类的残留物蠕变柔量（kPa^{-1}）   表 3.13

残留物获取方式	R_M	R_L	R_A	R_T	R_{AG}	A-70
高温蒸发条件	3.29	3.68	3.35	2.40	0.86	2.60
低温蒸发条件	2.26	2.92	2.62	2.47	1.70	2.60

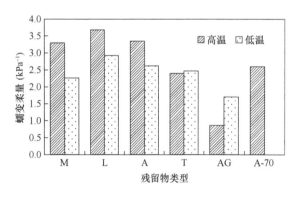

图 3.28 不同残留物种类的蠕变柔量

从图 3.28 可以看出，4 种不同种类乳化剂制备乳化沥青的残留物蠕变柔量各不相同，两种获取方式下残留物蠕变柔量比较于 A-70 而言，仅有 R_T 低于 A-70 且相差不大。高温蒸发条件下蠕变柔量大小排序为：$R_L > R_A > R_M > R_T$，相比低温蒸发条件，R_L、R_A、R_M 三种残留物蠕变柔量较大。在低温蒸发条件下，4 种蠕变柔量排序为 $R_L > R_A > R_T > R_M$。SBR 改性乳化沥青残留物蠕变柔量无论在高温蒸发条件还是低温蒸发条件下都小于其他 5 种残留物蠕变柔量，即 SBR 乳化沥青的黏性流动较小，抵抗高温变形能力较好，且高温蒸发条件大于低温蒸发条件黏性变形。

2. 乳化剂用量对蠕变柔量的影响

为研究乳化剂用量对乳化沥青残留物蠕变柔量的影响，对 8 种乳化沥青残留物进行多重应力蠕变恢复试验，以探求其蠕变恢复特性，按式（3.1）计算不可恢复蠕变柔量 J_{nr}，其结果如表 3.14、图 3.29 所示。

不同乳化剂用量的残留物蠕变柔量（kPa^{-1}）　　　　　　　表 3.14

残留物获取方式	$R_{A-1.1}$	$R_{A-1.7}$	$R_{A-2.3}$	$R_{A-2.9}$
高温蒸发条件	3.21	3.35	2.71	3.13
低温蒸发条件	2.36	2.62	1.78	2.63

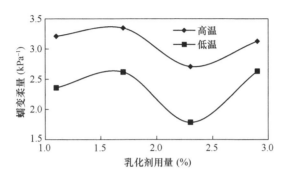

图 3.29　不同乳化剂用量的乳化沥青残留物蠕变柔量

从图 3.29 可以看出，乳化剂用量对残留物蠕变柔量影响不显著，无论是高温蒸发条件还是低温蒸发条件，当乳化剂用量为 2.3% 时，残留物蠕变柔量最小，即抵抗高温变形能力最好；也进一步证明了高温蒸发条件下蠕变柔量大于低温蒸发条件。

3.4.3　残留物蠕变恢复特性结果与分析

1. 乳化剂种类对恢复率的影响

为研究乳化剂种类对乳化沥青残留物蠕变恢复率的影响，对 10 种乳化沥青残留物及 A-70 进行多重应力蠕变恢复试验，以探求其蠕变恢复特性，按式（3.2）计算恢复率 R，其结果如表 3.15、图 3.30 所示。

不同乳化剂种类的乳化沥青残留物恢复率 R（%）　　　　　　表 3.15

残留物获取方法	R_M	R_L	R_A	R_T	R_{AG}	A-70
高温蒸发条件	1.02	0.86	1.11	1.84	16.3	1.16
低温蒸发条件	1.77	1.04	1.37	1.62	4.32	1.16

由图 3.30 可知，高温蒸发下仅有 R_T 大于 A-70 恢复率，且在 4 种残留物中弹性恢复率最大，R_A 与 R_M 相当，R_L 最小，恢复率大小排序为：$R_T > R_M > R_A > R_L$，仅有 R_T 残留物大于低温条件下弹性恢复率。在低温蒸发条件下，仅有 R_L 小于 A-70 的弹性恢复率，其恢复率大小排序为 $R_M > R_T > R_A > R_L$。SBR 改性乳化沥青残留物恢复率无论在高温蒸发条件

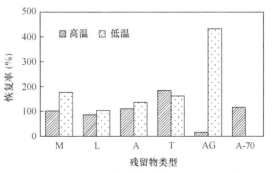

图 3.30　不同乳化剂种类的乳化沥青残留物恢复率

还是低温蒸发条件下都大于其他 5 种沥青，即 SBR 乳化沥青的弹性恢复较好，抵变形能力较强，且高温蒸发条件弹性恢复大于低温蒸发条件。

2. 乳化剂用量对蠕变恢复率的影响

为研究乳化剂用量对乳化沥青残留物蠕变恢复率的影响，对 8 种乳化沥青残留物进行多重应力蠕变恢复试验，以探求其蠕变恢复特性，按式（3.2）计算恢复率 R，其结果如表 3.16、图 3.31 所示。

残留物获取方式	$R_{A-1.1}$	$R_{A-1.7}$	$R_{A-2.3}$	$R_{A-2.9}$
高温蒸发条件	0.79	1.11	1.50	1.13
低温蒸发条件	1.54	1.37	2.53	2.18

不同乳化剂用量的残留物蠕变柔量 表 3.16

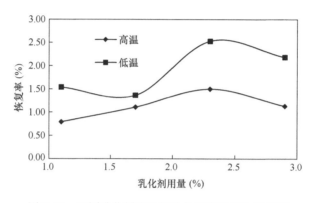

图 3.31 不同乳化剂用量的乳化沥青残留物恢复率

由图 3.31 可知，乳化剂用量对残留物蠕变恢复率影响不显著，无论是高温蒸发条件还是低温蒸发条件，当乳化剂用量为 2.3% 时，R_A 弹性恢复率最大，即抵抗高温变形能力最好；高温蒸发条件下残留物恢复率小于低温蒸发条件。

3.4.4 加载时间与次数对残留物蠕变特性的影响

1. 第 1s 加载阶段蠕变响应

为进一步了解残留物的蠕变恢复特性，以第一个加载阶段的蠕变响应为例进行分析。结果如表 3.17、表 3.18、图 3.32～图 3.35 所示。

（1）乳化剂种类对残留物第 1s 加载阶段蠕变响应的影响

第 1s 加载阶段蠕变响应（%） 表 3.17

加载时间（s）	高温直接蒸发法					低温蒸发法					A-70
	R_M	R_L	R_A	R_T	R_{AG}	R_M	R_L	R_A	R_T	R_{AG}	
0.00	0	0	0	0	0	0	0	0	0	0	0
0.01	11	12	11	10	27	9	10	10	10	8	10
0.04	40	43	40	32	170	29	37	34	33	25	34
0.06	68	73	66	53	350	48	61	56	54	41	56
0.09	94	103	92	73	422	67	85	78	75	56	78

续表

加载时间 (s)	高温直接蒸发法					低温蒸发法					A-70
	R_M	R_L	R_A	R_T	R_{AG}	R_M	R_L	R_A	R_T	R_{AG}	
0.11	120	131	117	93	430	84	109	99	96	71	99
0.14	146	160	142	112	438	102	132	120	116	85	120
0.16	172	188	167	131	447	120	156	141	136	99	141
0.19	198	217	193	150	455	137	179	162	156	113	162
0.21	223	245	220	169	464	154	202	183	176	127	183
0.24	249	274	246	188	472	172	226	203	196	141	204
0.26	274	302	272	208	481	189	249	224	216	155	225
0.29	300	331	298	227	489	206	272	245	236	169	246
0.31	325	360	325	246	499	223	296	266	255	182	266
0.35	364	403	364	274	551	249	331	297	285	203	298
0.40	415	460	417	312	688	284	378	338	325	231	339
0.45	466	518	470	351	731	318	425	380	365	258	381
0.50	518	576	524	389	746	353	472	422	405	286	423
0.55	570	634	577	427	762	388	519	463	445	313	465
0.60	621	692	630	466	784	423	566	505	485	341	507
0.65	673	750	684	505	858	458	614	547	525	368	549
0.70	725	808	737	543	929	493	661	589	565	396	591
0.75	777	866	791	582	947	528	708	631	606	424	634
0.80	829	924	844	621	962	563	755	673	646	452	676
0.85	881	982	898	660	987	598	802	716	686	480	718
0.90	933	1041	952	699	1056	634	849	758	727	507	761
0.95	986	1099	1005	738	1125	669	897	800	767	535	803
1.00	1034	1153	1055	774	1145	702	940	839	805	561	842

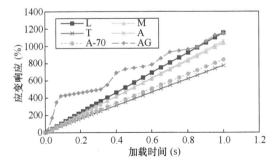

图 3.32　高温蒸发条件下不同乳化剂种类的
残留物第 1s 加载时的应变响应

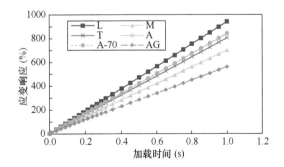

图 3.33　低温蒸发条件下不同乳化剂种类的
残留物第 1s 加载时的应变响应

分析图 3.32、图 3.33 可知，相比 A-70 第 1s 加载阶段的蠕变特性而言，乳化剂改变了残留物随时间变化的应变大小，但无论是高温蒸发条件还是低温蒸发条件，不同乳化剂种类残留物随加载时间的变化，其应变响应特征不变，即随着时间增加，残留物应变增加，非改性沥青残留物应变呈线性增加，表现出线性黏性流体特征，说明非改性沥青残留物在 60℃较高温度下，很短的 1s 时间里进入黏性流动状态。

分析图 3.32 可以看出，SBR 改性乳化沥青高温蒸发的残留物在第 1s 加载阶段表现出非规则的曲线变化，具有和普通乳化沥青残留物不一样的黏弹性特征，且与低温蒸发条件的 SBR 改性乳化沥青残留物在第 1s 加载阶段的蠕变特性不一致，和普通残留物应变响应相比，改性乳化沥青残留物随时间呈曲线增长，表现出黏弹性流体特性。

（2）乳化剂用量对残留物第 1s 加载阶段蠕变响应的影响（表 3.18）

第 1s 加载阶段蠕变响应（%）　　　　　　　　　　　　　表 3.18

加载时间（s）	高温蒸发法				低温蒸发法			
	$R_{A-1.1}$	$R_{A-1.7}$	$R_{A-2.3}$	$R_{A-2.9}$	$R_{A-1.1}$	$R_{A-1.7}$	$R_{A-2.3}$	$R_{A-2.9}$
0.00	0	0	0	0	0	0	0	0
0.01	11	11	10	11	9	10	8	10
0.04	40	40	34	38	31	34	24	34
0.06	67	66	56	63	51	56	39	57
0.09	94	92	78	87	70	78	54	78
0.11	120	117	99	111	89	99	68	99
0.14	145	142	120	135	108	120	82	120
0.16	171	167	141	159	127	141	96	141
0.19	197	193	162	182	146	162	110	162
0.21	222	220	183	206	164	183	124	182
0.24	248	246	204	230	183	203	138	203
0.26	273	272	224	253	201	224	152	224
0.29	299	298	245	277	220	245	166	244
0.31	324	325	266	300	238	266	179	265
0.35	363	364	297	336	266	297	200	296
0.40	414	417	339	384	304	338	227	338
0.45	465	470	381	431	341	380	255	381
0.50	517	524	423	479	378	422	282	424
0.55	568	577	466	527	415	463	310	467
0.60	620	630	508	575	453	505	338	511
0.65	672	684	550	623	490	547	365	555
0.70	724	737	593	671	528	589	393	600
0.75	776	791	636	719	565	631	421	645
0.80	828	844	678	767	603	673	449	691
0.85	879	898	721	815	641	716	477	737
0.90	931	952	764	864	678	758	505	784
0.95	983	1005	807	912	716	800	533	832
1.00	1032	1055	847	957	751	839	559	876

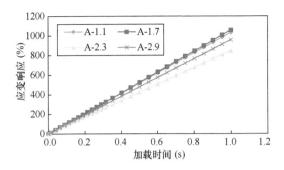

图 3.34　高温蒸发条件下不同乳化剂用量的
残留物第 1s 加载时的应变响应

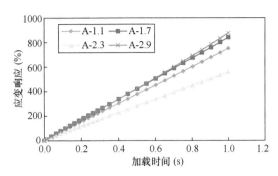

图 3.35　低温蒸发条件下不同乳化剂用量的
残留物第 1s 加载时的应变响应

分析图 3.34、图 3.35 可知，乳化剂用量改变了残留物随时间变化的应变大小，因此不同乳化剂用量的残留物第 1s 加载时的应变响应不一致，但无论是高温蒸发条件还是低温蒸发条件，不同乳化剂用量的残留物随加载时间变化的应变变化特征不变，随着时间的增加，残留物的应变快速增加，且呈线性变化趋势，曲线拟合相关系数都在 0.999 以上，其中两种残留物获取方式下应变最小的均是 $R_{A-2.3}$。

2. 累积应变

为了分析荷载作用周期对应变的影响，分别统计各残留物在第 1、第 30、第 50、第 70 和第 100 次蠕变恢复后的累积应变，结果如表 3.19、表 3.20、图 3.36~图 3.39 所示。

（1）乳化剂种类对残留物累积变形的影响

不同乳化剂种类的残留物的累积变形（%）　　　　　　表 3.19

加载次数	高温蒸发法					低温蒸发法					A-70
	R_M	R_L	R_A	R_T	R_{AG}	R_M	R_L	R_A	R_T	R_{AG}	
1	10	11	10	8	10	7	9	8	8	5	8
25	264	292	267	193	44	182	234	210	199	136	213
50	530	587	536	385	69	366	469	420	399	273	423
75	795	883	806	577	95	550	704	631	599	410	630
100	1060	1180	1076	769	120	733	937	841	796	548	835

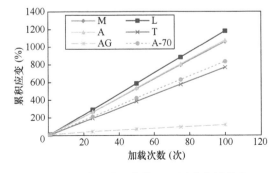

图 3.36　高温蒸发条件下不同乳化剂种类
残留物加载次数与累积变形的关系

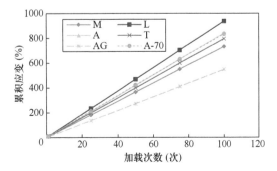

图 3.37　低温蒸发条件下不同乳化剂种类
残留物加载次数与累积变形的关系

分析图 3.36、图 3.37 可知：

相比 A-70 累积变形随加载周期的变化特征，乳化剂种类改变了残留物随加载周期变化的应变大小，但不改变其残留物累积应变随加载周期的变化曲线特征及趋势，无论是高温蒸发条件还是在低温蒸发条件下，改性乳化沥青和普通乳化沥青残留物累积应变随着荷载作用次数增加而呈线性增加，曲线拟合相关系数都在 0.999 以上，且改性乳化沥青残留物累积应变远小于普通乳化沥青残留物，尤其是高温蒸发条件下；高温蒸发条件下残留物累积应变排序为：$R_L > R_{AG} > R_A > R_M > A\text{-}70 > R_T$，低温蒸发条件下残留物累积应变排序为：$R_L > A\text{-}70 > R_A > R_T > R_M > R_{AG}$，且以第 50 次分界，加载前期与加载后期，累积应变增幅基本一致。

（2）乳化剂用量对残留物累积变形的影响

不同乳化剂用量的残留物累积变形（%）　　　　　　　表 3.20

加载次数	高温蒸发法				低温蒸发法			
	$R_{A\text{-}1.1}$	$R_{A\text{-}1.7}$	$R_{A\text{-}2.3}$	$R_{A\text{-}2.9}$	$R_{A\text{-}1.1}$	$R_{A\text{-}1.7}$	$R_{A\text{-}2.3}$	$R_{A\text{-}2.9}$
1	10	10	8	9	7	8	5	9
25	259	267	213	247	188	210	142	217
50	517	536	430	500	377	420	285	428
75	773	806	649	755	567	631	430	637
100	1028	1076	869	1009	758	841	576	846

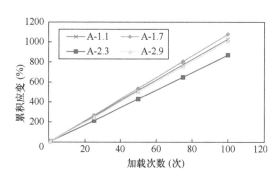

图 3.38　高温蒸发条件下不同乳化剂用量的
残留物加载次数与累积变形的关系

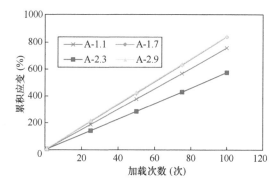

图 3.39　低温蒸发条件下不同乳化剂用量的
残留物加载次数与累积变形的关系

分析图 3.38、图 3.39 可知：

相比 A-70 累积变形随加载次数的变化，乳化剂用量改变了残留物随加载周期变化的应变大小，同样不改变残留物累积应变随加载周期的变化曲线特征及趋势，不同乳化剂用量的乳化沥青残留物累积应变随着荷载作用次数增加呈线性增加，曲线拟合相关系数均在 0.999 以上；高温蒸发条件下残留物累积应变排序为：$R_{A\text{-}1.7} > R_{A\text{-}1.1} > R_{A\text{-}2.9} > R_{A\text{-}2.3}$，低温蒸发条件下残留物累积应变排序为：$R_{A\text{-}1.7} > R_{A\text{-}2.9} > R_{A\text{-}1.1} > R_{A\text{-}2.3}$，很明显无论是高温蒸发条件还是低温蒸发条件，4 种乳化剂用量中累积变形最小的是 $R_{A\text{-}2.3}$。

3.4.5　相关性分析

据有关文献报道，重复蠕变实验中蠕变恢复率与蠕变柔量间具有较好的关联性，为研究乳化沥青残留物蠕变恢复率与蠕变柔量间的相关性，对不同乳化沥青残留物蠕变恢复率与蠕变柔量进行回归分析，结果如图 3.40 所示。

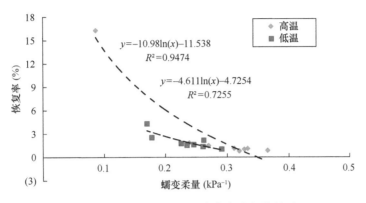

图 3.40　残留物蠕变柔量与恢复率间的关系

从图 3.40 可以看出，高温蒸发条件与低温蒸发条件下残留物蠕变柔量与恢复率的相关性良好，随着残留物恢复率增大，蠕变柔量降低，呈对数变化关系。高温下拟合相关系数 0.95，低温下拟合系数为 0.73，这间接表明重复蠕变实验可有效评价乳化沥青残留物高温性能。

3.5　流变特性评价与综合分析

3.5.1　蒸发残留物评价方法

为进一步分析乳化剂种类、用量对乳化沥青残留物性能的影响程度，以及评价指标间的相互关系、评价方法的有效性等方面，计算不同种类、用量乳化沥青残留物及 SBR 改性乳化沥青残留物相对于 A-70 指标的变化率，其结果如表 3.21 所示。

乳化沥青残留物各指标相对于 A-70 指标的变化率（%）　　　表 3.21

测试指标	残留物获取方式	不同种类乳化剂的残留物					不同乳化剂用量的残留物			
		R_L	R_M	R_T	R_A	R_{AG}	$R_{A-1.1}$	$R_{A-1.7}$	$R_{A-2.3}$	$R_{A-2.9}$
针入度	高温蒸发	0.3	4.3	1.1	−2.1	—	−6.1	−2.1	10.1	1.7
	低温蒸发	−9.3	−15.6	−8.8	−17.9	—	−17.9	−17.9	−12	−22.4
软化点	高温蒸发	−1.0	2.3	3.5	0.4	—	0.8	0.4	1.0	1.0
	低温蒸发	3.1	6.2	4.5	4.9	—	4.1	4.9	5.5	4.5
延度（15℃）	高温蒸发	−49.1	−64.9	−53.4	−41.8	—	−15.1	−41.8	−65.4	−56.4
	低温蒸发	−75.1	−74.3	−37	−73.5	—	−71.1	−73.5	−66.5	−71.8
黏度（135℃）	高温蒸发	−0.5	7.7	9.7	6.5	—	4.3	6.5	7.7	11.0
	低温蒸发	12.8	13.8	13.3	13.5	—	12.8	13.5	15.3	13.3

续表

测试指标	残留物获取方式	不同种类乳化剂的残留物					不同乳化剂用量的残留物			
		R_L	R_M	R_T	R_A	R_{AG}	$R_{A-1.1}$	$R_{A-1.7}$	$R_{A-2.3}$	$R_{A-2.9}$
复数剪切模量 (58℃)	高温蒸发	−23	−16	8	−17	−72	−16	−17	−10	−21
	低温蒸发	−5	17	5	2	41	12	2.1	3	2.2
相位角 (58℃)	高温蒸发	−0.8	−0.7	−1.5	−2.0	−3.4	−1.0	−2.0	−1.2	−2.4
	低温蒸发	−1.0	−0.9	−0.9	−0.6	−2.1	−0.2	−0.6	−0.9	−1.1
车辙因子 (58℃)	高温蒸发	−23	−16	8	−17	−72	−16	−17	−10	−21
	低温蒸发	−4	18	5	2	42	12	2.3	3	2.5
蠕变柔量 (60℃)	高温蒸发	41	27	−8	29	−67	24	29	4	20
	低温蒸发	12	−13	−5	0.7	−34	−9	0.7	−31	0.8
恢复率 (60℃)	高温蒸发	−26	−13	59	−4	5198	−32	−4	29	−3
	低温蒸发	−11	52	39	17	271	33	18	118	88

分析表 3.21 可知：相比 A-70 基础指标，从不同种类、用量乳化剂的乳化沥青残留物 9 个具体指标分析，乳化剂加入改变了乳化沥青在高温蒸发条件和低温蒸发条件下残留物高温性能指标，有增加也有降低，主要与乳化剂种类有关系；高温蒸发下不同种类乳化剂的残留物软化点指标大小排序为 $R_T > R_M > R_A > R_L$，黏度指标大小排序为 $R_T > R_M > R_A > R_L$；低温蒸发条件下，软化点指标大小排序为 $R_M > R_A > R_T > R_L$，黏度指标大小排序为 $R_M > R_A > R_T > R_L$，从两种残留物获取方式下软化点与黏度指标增加的程度来看，高温蒸发条件对软化点与黏度指标影响较小，而且单个指标增减的性质趋于一致，分析原因可能与高温蒸发条件下乳化剂成分挥发以及残留物微观结构改变有关系，表明了软化点指标与黏度指标具有高温评价一致性。对于低温指标（延度），无论高温蒸发条件还是低温蒸发条件下，残留物低温性能指标均下降。无论是高温蒸发条件还是低温蒸发条件下，各残留物 δ 均稍有降低，表明乳化剂加入能增加残留物的一定弹性。

高温蒸发条件下，不同种类乳化剂残留物（普通乳化沥青）$G^*/\sin\delta$（58℃）大小排序为 $R_T > R_M > R_A > R_L$，蠕变柔量（60℃）大小排序为 $R_T > R_M > R_A > R_L$；低温蒸发下 $G^*/\sin\delta$（58℃）大小排序为 $R_M > R_T > R_A > R_L$，J_{nr}（60℃）大小排序为 $R_M < R_T < R_A < R_L$，且普通残留物相比 A-70，$G^*/\sin\delta$ 与 J_{nr} 增减的性质保持一致，这说明在同一蒸发条件下获取的残留物 $G^*/\sin\delta$ 与 J_{nr}，对于评价普通乳化沥青残留物高温性能具有良好的一致性，采用 $G^*/\sin\delta$ 与 J_{nr} 指标评价普通乳化沥青残留物高温性能不受残留物获取方式影响，且低温蒸发下残留物高温性能优于高温蒸发。

对于 SBR 改性残留物高温性能评价，高温蒸发下 $G^*/\sin\delta$ 相比 A-70，SBR 改性残留物降低 53%，J_{nr} 降低 67%；低温蒸发下 $G^*/\sin\delta$ 相比 A-70，SBR 改性残留物升高 49%，J_{nr} 降低 34%。可以看出，高温蒸发下 J_{nr} 与 $G^*/\sin\delta$ 对残留物的评价出现矛盾，而低温蒸发下，J_{nr} 与 $G^*/\sin\delta$ 评价高温性能具有一致性，而根据 NCHRP 9-10 报道，$G^*/\sin\delta$ 不能有效表征改性沥青高温性能，提出采用重复蠕变恢复试验评价沥青及改性沥青高温性能。因此，评价 SBR 改性残留物高温性能应采用重复蠕变恢复试验。另外分析蠕变柔量数据可以得出高温蒸发条件下 J_{nr} 明显小于低温蒸发条件下，同时微观分析表明在高温蒸发条件下 SBR 改性残留物蜂形结构更明显，发生的反应更剧烈，这一点也与改性乳化沥青常在常温下工作的常态不符，因此，对于 SBR 改性残留物获取应采用低温蒸发方法。

鉴于普通乳化沥青残留物在同一种残留物获取方法下，其 $G^*/\sin\delta$ 与 J_{nr} 具有良好的评价一致性，选取 J_{nr} 指标进行不同乳化剂种类、用量以及获取方式的显著性分析，分析结果如表 3.22～表 3.25 所示。

高温蒸发条件下不同乳化剂种类残留物蠕变柔量单因素方差分析　　　表 3.22

	平方和	df	均方	F	显著性
组间	4.507	3	1.502	636.666	0.000
组内	0.038	16	0.002		
总数	4.545	19			

低温蒸发条件下不同乳化剂种类残留物蠕变柔量单因素方差分析　　　表 3.23

	平方和	df	均方	F	显著性
组间	1.154	3	0.385	193.901	0.000
组内	0.032	16	0.002		
总数	1.186	19			

高温蒸发条件下不同乳化剂用量残留物蠕变柔量单因素方差分析　　　表 3.24

	平方和	df	均方	F	显著性
组间	1.137	3	0.379	89.897	0.000
组内	0.067	16	0.004		
总数	1.204	19			

低温蒸发条件下不同乳化剂用残留物蠕变柔量单因素方差分析　　　表 3.25

	平方和	df	均方	F	显著性
组间	2.359	3	0.786	685.591	0.000
组内	0.018	16	0.001		
总数	2.378	19			

从以上方差分析可知：乳化剂种类与用量对残留物高温性能都有显著影响，高温蒸发条件下不同乳化剂种类的残留物蠕变柔量的统计量 F（均方之比）为 636.666，低温蒸发条件下不同乳化剂种类的残留物蠕变柔量的统计量 F 为 193.901，高温蒸发条件下不同乳化剂用量的残留物蠕变柔量的统计量 F（均方之比）为 89.897，低温蒸发条件下不同乳化剂用量的残留物蠕变柔量的统计量 F（均方之比）为 685.591。F 值越大，说明条件的改变对其结果的影响越大，其中大小排序为低温蒸发条件下乳化剂用量对残留物高温性能的影响＞高温蒸发条件下乳化剂种类对残留物高温性能的影响＞低温蒸发条件下乳化剂种类对残留物高温性能的影响＞高温蒸发条件下乳化剂用量对残留物高温性能的影响。

3.5.2　冷再生用乳化沥青技术指标及要求

乳化沥青作为冷再生材料胶粘剂，是影响混合料性能的关键因素，要求乳化沥青颗粒粒径应细小、均匀，在石料表面形成均匀、稳定的沥青裹覆膜并具有较好的浸润效果，也应具有较高残留分含量，减少生产、运输过程中水带来的技术与成本问题，同时需要平衡好混合料工作性和强度生成的要求，而冷再生混合料的使用性能是出发点和落脚点，尤其是水稳性能。

综上所述，在国内外乳化沥青技术标准的基础上，推荐了冷再生用乳化沥青技术指标及要求，如表 3.26 所示。

冷再生用乳化沥青指标及要求   表 3.26

检测项目		单位	技术要求	试验方法
微观指标	平均粒径	μm	≤4	激光粒度仪
	$D90$	μm	≤7	激光粒度仪
	不均匀分布系数	—	≤4	激光粒度仪
	电位	mV	>28	电位分析仪
	界面张力	mN/m	<3.3	界面张力测试仪
破乳速率		—	中裂或慢裂	T 0658[①]—1993
粒子电荷		—	阳离子（＋）	T 0653[①]—1993
筛上残留物（1.18mm）		％	≤0.1	T 0652[①]—1993
恩格拉黏度，E_{25}			2～30	T 0622[①]—1993
25℃赛波特黏度，V_s		s	7～100	T 0621[①]—1993
与粗集料的黏附性、裹覆性		裹覆面积（％）	≥75	T 0654[①]—2011
与粗、细粒式集料拌合试验		—	均匀	T 0659[①]—1993
水泥拌合试验的筛上剩余		％	≤2	T 0657[①]—2011
蒸馏残留物	残留分含量	％	≥62	T 0651[①]—1993
	针入度（25℃）	1/10mm	50～130	T 0604[①]—2011
	延度（15℃）	cm	≥40	T 0605[①]—2011
	车辙因子	kPa	≥1.0	DSR 试验
常温储存稳定性	1d	％	≤1	T 0655[①]—1993
	5d	％	≤5	T 0655[①]—1993

[①]试验方法是指《公路工程沥青及沥青混合料试验规程》JTG E20—2011 中沥青试验方法。

注：恩格拉黏度与 25℃赛波特黏度任选其一进行检测。

采用百分数（％）表示乳液与石料黏附性、裹覆面积更明确。残留物针入度要求范围过于笼统，我国大多采用 90 号或 70 号沥青为原料生产乳化沥青，针入度过大，则其中的轻组分较多，应用效果不佳，若过于宽泛，不利于控制乳化沥青质量。

3.6 小结

本章在分析总结乳化沥青残留物获取方法的基础上，开展不同获取方法下残留物流变性能研究。

（1）在综述欧洲 EN13074、美国 ASTM D7497 及新西兰低温蒸发方法的基础上，明确了乳化沥青残留物低温蒸发方法各阶段温度、时间控制等参数,分析了水分在低温蒸发各个阶段的蒸发特征。

(2) 乳化沥青残留物 G^* 随温度呈乘幂函数关系变化,低温蒸发残留物的 G^* 大于高温蒸发;存在一个乳化剂用量使得残留物 G^* 最大;高温蒸发下 SBR 改性残留物 G^* 最低,变化特征与普通残留物有明显差异,但低温蒸发下 SBR 改性残留物 G^* 最大,变化特征与普通残留物一致;随温度升高残留物 δ 增加,SBR 改性残留物 δ 在两种残留物获取方式下均小于普通残留物,乳化剂用量增加对残留物 δ 影响程度有增大趋势;高温蒸发条件会降低残留物 PG 分级温度,低温蒸发条件下残留物 $G^*/\sin\delta$ 大于高温蒸发条件。

(3) 高温蒸发残留物的 J_{nr} 大于低温蒸发;SBR 改性残留物的 J_{nr} 在两种残留物获取方式下均小于普通残留物,且存在一个乳化剂用量中 J_{nr} 最小;高温蒸发残留物弹性恢复率小于低温蒸发;SBR 改性残留物弹性恢复率在两种残留物获取方式下均大于普通残留物,且高温蒸发条件的弹性恢复率大于低温蒸发条件的弹性恢复率。普通残留物在第 1s 加载阶段里随时间增加应变线性增加;高温蒸发条件下 SBR 改性残留物第 1s 加载阶段表现出非规则曲线变化的黏弹性流体特性,与低温蒸发条件下蠕变特性不一致。改性和普通残留物在两种获取方式下累积应变均随荷载作用次数增加呈线性增加,且改性残留物累积应变远小于普通残留物。

(4) 同一蒸发条件下残留物采用 $G^*/\sin\delta$ 与 J_{nr} 评价其高温性能具有良好的一致性,普通残留物 $G^*/\sin\delta$ 与 J_{nr} 对高温性能的评价不受残留物获取方式影响,且低温蒸发残留物的高温性能优于高温蒸发残留物的高温性能;改性残留物获取应采用低温蒸发方法,高温性能评价应采用 J_{nr}。乳化剂种类与用量对残留物高温性能有显著影响。

本 章 参 考 文 献

[1]　张肖宁. 沥青与沥青混合料的粘弹力学[M]. 北京:人民交通出版社,2006.

[2]　薛薇. 统计分析与 SPSS 的应用[M]. 4 版. 北京:中国人民大学出版社,2011.

[3]　杜晓博,彭坤,张宏超. 采用动态流变剪切方法评价改性乳化沥青高温性能的研究[J]. 华东交通大学学报,2014,31(4):1-5.

[4]　李燕. 多应力蠕变恢复试验评价沥青高温性能[J]. 中外公路,2014,34(6):253-256.

[5]　陈保莲,段晓勤. 关于道路用乳化沥青标准之浅见[J]. 石油沥青,2003,17(3):53-55.

第4章 乳化沥青冷再生混合料早期性能研究

现行国家规范中更多关注的是乳化沥青冷再生混合料中长期性能，早期性能较少涉及，而工程应用过程中恰恰出现问题最多的是冷再生混合料早期性能的不良，如由于失去工作性引起的乳化沥青冷再生混合料变黑、结壳、难以卸车或压实等；由于内聚力过小引起的取芯困难、难以开放交通等。概括来讲乳化沥青冷再生混合料早期性能主要涉及两方面：一是和易性；二是早期内聚力（早期强度）。和易性是施工特性的重要指标，直接关系到路面压实的难易程度以及压实后的路面质量，现行国家规范对乳化沥青冷再生混合料和易性并未提出明确要求，施工过程中和易性好坏主要依据经验判断，缺乏统一方法和指标对其表征，影响路面质量，因此，研究冷再生混合料施工过程中和易性测试方法与指标等方面具有重要意义。乳化沥青冷再生混合料成型后，希望尽早开放交通或进入下道工序，且开放交通后表面无裂缝、松散和车辙，这就要求冷再生混合料铺筑后具有良好的早期强度。乳化沥青冷再生混合料强度由材料的内聚力与内摩阻力构成，其材料的内聚力大小主要与乳化沥青残留物性质、成型时间以及施工和易性等因素有关，内摩阻力是指混合料中集料之间相互嵌挤和摩擦所形成的作用力，主要取决于材料的内摩擦角与集料纹理、粗细集料比例等材料组成及特性，其值相对固定（变化较小），因此，乳化沥青冷再生混合料早期强度的增长既是混合料和易性失去的过程，也是内聚力不断增长的过程，开展乳化沥青冷再生混合料内聚力指标及评价方面的研究对于表征混合料早期强度形成或进行下道工序施工至关重要。

4.1 原材料性能分析与测试

4.1.1 RAP性能测试与级配设计

1. RAP级配组成分析

所用RAP来自河南省某高速公路大中修的面层铣刨料，从RAP料堆中获取代表性试样，采用离心抽提法分离RAP中沥青与集料，筛分后将结果与AC-13级配（铣刨料为AC-13）进行对比分析，筛分结果如表4.1所示、级配曲线如图4.1所示。

RAP抽提前后级配筛分结果 表4.1

筛孔尺寸（mm）	19	16	13.2	9.5	4.75	2.36	1.18	0.6	0.3	0.15	0.075
AC-13上限通过率（%）	100	100	100	85	68	50	38	28	20	15	8
AC-13下限通过率（%）	100	100	90	68	38	24	15	10	7	5	4
抽提前通过率（%）	100	89.9	73.2	48.2	16.2	8.0	5.0	2.7	1.4	0.7	0.3
抽提后通过率（%）	100	99.6	94.6	82.4	52.8	39.9	31.9	21.0	12.7	7.8	4.4

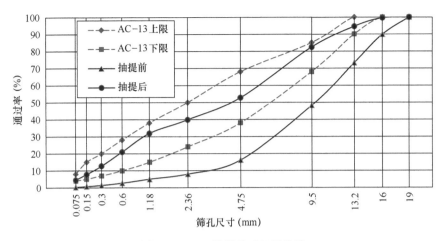

图 4.1　RAP 抽提前后级配曲线

从表 4.1 和图 4.1 可以看出：

（1）抽提前 RAP 中细集料含量偏少，4.75mm 以下粒料所占比例不到 20％，0.6mm 以下粒料所占比例不足 3％，0.075mm 筛孔通过率仅有 0.3％，是因为 RAP 中粗细集料被沥青粘结形成团块，细集料含量偏少。因此混合料级配设计时，需要含有一定的细料，否则容易导致空隙率偏大，难以满足路面性能要求。

（2）RAP 抽提后，集料级配接近规范中 AC-13 的级配上限，所有筛孔通过率明显提高，一方面说明在抽提前 RAP 在沥青的粘结作用下，很多粒径小的颗粒粘结在粒径大的颗粒表面，形成假大料；另一方面说明抽提后回收集料真实级配出现明显细化，这是由于混合料在长期的车辆荷载反复作用下产生破碎以及路面面层的机械铣刨破碎过程造成的。

2. 集料性能测试

取抽提后粗集料（粒径大于 4.75mm）检测其针片状颗粒含量、压碎值，细集料（粒径小于 4.75mm）检测其棱角性与砂当量，并检测抽提后各挡集料的密度与吸水率，试验结果如表 4.2、表 4.3 所示。

集料检测指标　　　　　　　　　　　　　　　　　　表 4.2

检测项目	单位	试验结果	试验方法[①]
针片状颗粒含量	％	16.7	T0312-2005
压碎值	％	3.9	T0316-2005
棱角性	s	46.0	T0345-2005
砂当量	％	89.7	T0334-2005

①试验方法是指《公路工程沥青及沥青混合料试验规程》JTG E20—2011 中沥青试验方法。

抽提后各挡集料密度与吸水率　　　　　　　　　　　　表 4.3

集料粒径（mm）	表观密度（g/cm³）	毛体积密度（g/cm³）	吸水率（％）
0～2.36	2.746	2.564	2.52
2.36～4.75	2.856	2.625	2.86
4.75～9.5	2.841	2.622	2.74
9.5～19.0	2.832	2.640	2.57

另外，试验所用 RAP 含水率在 0.32%～0.59% 之间，平均含水率为 0.42%。RAP 的含水率较小，可能是因为在夏季取样，在高温环境中水分部分蒸发散失，因此，在后续试验开展前，将 RAP 自然风干，不再考虑 RAP 中水对拌合外加用水量的影响。

3. 级配组成设计

乳化沥青冷再生材料组成按《公路沥青路面再生技术规范》JTG/T 5521—2019 的要求进行设计，从 RAP 的原始级配组成情况来看，可较好地满足规范中关于中粒式级配的要求。为减小级配变异性对性能的影响，将 RAP 全部通过振动筛分为四挡：0～3mm、3～5mm、5～10mm、10～20mm，如果通过调整四挡 RAP 比例无法获得满意的合成级配，在旧料级配中掺入用量为 10% 的新集料，重新调整四挡 RAP 用量，最后得到较为理想的合成级配，乳化沥青冷再生料筛分结果及合成级配组成如表 4.4，合成级配曲线如图 4.2 所示。

乳化沥青冷再生料筛分结果及合成级配组成 表 4.4

筛孔尺寸 (mm)	各挡筛分结果（%）					合成级配组成（%）	规范范围（%）		
	0～2.36	2.36～4.75	4.75～9.5	9.5～19	新料		中值	上限	下限
组成比例	24	20	20	26	10	100			
26.5	100	100	100	100	100	100	100	100	100
19	100	100	100	100	52.3	95.2	95	100	90
16	100	100	100	91.6	23.2	90.1	—	—	—
13.2	100	100	100	68.2	8.6	82.6	—	—	—
9.5	100	100	100	11.5	0	67.0	70	80	60
4.75	100	100	8.1	0.3	0	45.7	50	65	35
2.36	100	6.8	0.2	0.1	0	25.4	35	50	20
1.18	62.6	0.3	0.1	0	0	15.1	—	—	—
0.6	50.5	0.1	0	0	0	12.1	—	—	—
0.3	23.4	0	0	0	0	5.6	12	21	3
0.15	13.3	0	0	0	0	3.2	—	—	—
0.075	11.9	0	0	0	0	2.9	5	8	2

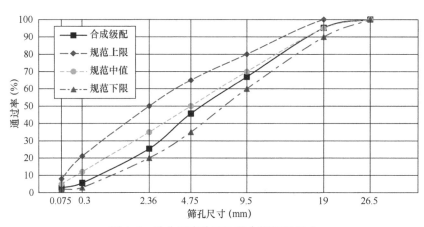

图 4.2　乳化沥青冷再生混合料级配组成

4.1.2　回收沥青分析与评价

从 RAP 中回收沥青进行性能测试，为冷再生混合料配合比设计提供数据支撑，采用旋转蒸发器法回收沥青，RAP 沥青含量及回收沥青老化指标如表 4.5、表 4.6 所示。

RAP 沥青含量　　　　　　　　　　　　　　　　表 4.5

试样编号	抽提前质量（g）	抽提后质量（g）	沥青含量（%）	平均值（%）
1	1617.9	1544.3	4.55	
2	1608.5	1535.6	4.53	4.61
3	1612.7	1537.7	4.65	
4	1604.3	1528.9	4.70	

回收沥青老化指标　　　　　　　　　　　　　　　　表 4.6

检测项目	单位	试验结果	70 号道路石油沥青
针入度，25℃，5s	0.1mm	32.1	60～80
延度，15℃	cm	13.6	≥40
软化点	℃	59.7	≥43
黏度，60℃	Pa·s	764	≥160

从表 4.5 和表 4.6 可以看出，RAP 的沥青含量在 4.53%～4.70% 之间，回收沥青针入度、延度明显减小，软化点、黏度明显增大，可以判断沥青老化程度严重。

4.1.3　其他原材料性能测试

1. 新集料

为满足规范中级配的设计要求，减少级配的变异性，需添加一定量的粗集料，规格为 10～20mm 的石灰岩，粗集料技术指标如表 4.7 所示。

粗集料技术指标　　　　　　　　　　　　　　　　表 4.7

检测项目	单位	下面层标准要求	粗集料 10～20mm	试验方法[①]
集料压碎值	%	不大于 28	21.9	T0316-2005
洛杉矶磨耗损失	%	不大于 30	17.6	T0317-2005
表观相对密度	—	实测值	2.737	
毛体积相对密度	—	实测值	2.715	T0304-2005
吸水率	%	不大于 3.0	0.26	
对沥青的黏附性	级	不小于 4	4	T0616-1993
针片状颗粒含量大于 9.5mm	%	不大于 15	14.7	T0312-2005
软石含量	%	不大于 5	1	T0320-2000
水洗法：小于 0.075mm 颗粒含量	%	不大于 1	0.6	T0310-2005

①试验方法是指《公路工程沥青及沥青混合料试验规程》JTG E20—2011 中沥青试验方法。

2. 细集料

细集料采用石灰岩机制砂，细集料试验项目及试验结果如表 4.8 所示。

细集料技术性质 表 4.8

检测项目	单位	标准要求	试验结果	试验方法①
表观密度	g/cm³	不小于 2.50	2.752	T0330-2005
砂当量	%	不小于 60	76	T0334-2005
含泥量（小于 0.075mm 的含量）	%	不大于 3	0.8	T0333-2000

①试验方法是指《公路工程沥青及沥青混合料试验规程》JTG E20—2011 中沥青试验方法。

3. 水泥与水

水泥在乳化沥青冷再生混合料中既起着粘结作用，也有活性矿粉的作用，对冷再生混合料结构具有改善作用。级配设计时，通常会加入一定量水泥，根据已开展研究成果及以往经验，一般不超过 2.0%，强度等级 32.5 的普通硅酸盐水泥，掺量为 1.0%，技术指标如表 4.9 所示，生产用水均使用可饮用的自来水。

水泥技术指标 表 4.9

检测项目		单位	试验结果	技术要求	试验方法
细度（80μm 方孔筛筛余）		%	2.7	≤10	GB/T 1345—2005
安定性		—	合格	合格	
凝结时间	初凝时间	min	264	≥180	GB/T 1346—2011
	终凝时间	min	387	≥360	
抗折强度	3d	MPa	6.7	≥2.5	GB/T 17671—2021
	28d	MPa	12.6	≥5.5	
抗压强度	3d	MPa	28.8	≥10	
	28d	MPa	39.6	≥32.5	

4.2 冷再生混合料和易性及其影响因素研究

4.2.1 和易性测试方法

和易性是表征混合料铺筑与压实性能基本特征的重要指标。在瑞典乳化沥青冷再生设计方法中，为确保冷再生混合料良好工作性能，对拌合后冷再生混合料和易性提出了明确要求。随着国内外对沥青混合料和易性关注不断增加，和易性设备层出不穷，包括马萨诸塞大学的和易性设备、Nyans 和易性设备、新罕布什尔大学和易性设备、NCAT 和易性设备和旋转压实仪剪切应力和易性设备等（图 4.3），这些设备测试原理都是基于混合料所受扭力或阻力的大小而确定，对于乳化沥青冷再生混合料和易性是否有一种快速便捷且再现性好的测试方法成为当前需要。

乳化沥青冷再生混合料和易性通过自主研发的混合料和易性测试设备进行测试，如图 4.4、图 4.5 所示，模拟冷再生混合料拌合摊铺过程，以扭矩值来表征冷再生混合料和易性，扭矩值越大，受到搅拌阻力越大，即和易性越差。

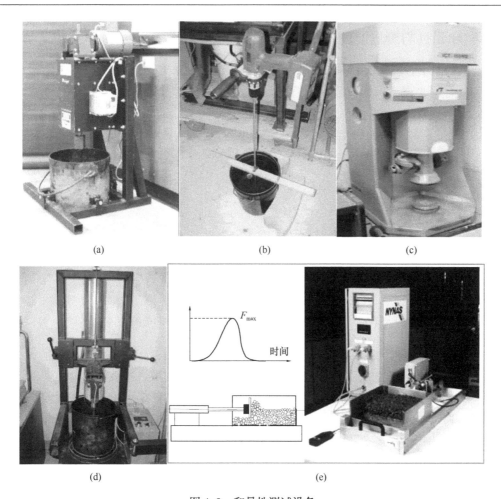

(a)　　　　　　　　　　　　(b)　　　　　　　　　　　(c)

(d)　　　　　　　　　　　　　　　(e)

图 4.3　和易性测试设备

（a）NCAT 和易性设备；（b）新罕布什尔大学和易性设备；（c）剪切应力和易性设备；
（d）马萨诸塞大学和易性设备；（e）Nyans 和易性设备示意图

图 4.4　和易性测试设备　　　　　图 4.5　和易性测试机

4.2.2 和易性与测试时间的关系

选用乳化沥青 E_A，新料用量 10%（合成级配组成如表 4.4 所示），在乳化沥青用量 4.0%、拌合用水量 3.6% 条件下进行试验，测试混合料放置不同时间时的和易性，如图 4.6 所示。

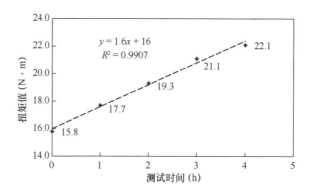

图 4.6 乳化沥青冷再生混合料和易性与时间的关系

由图 4.6 可知，扭矩值与放置时间呈线性相关，相关系数为 0.9907。分析原因主要是由于乳化剂物理化学的作用，沥青微珠间的相互吸附、扩散、凝结形成薄膜裹覆于旧料表面，引起混合料和易性变差；水泥水化混合料强度增加，同样可使和易性变差。

乳化沥青冷再生施工作业运输时间要求通常为 2h，故研究和易性影响因素时以混合料拌合后 2h 为依据。

4.2.3 RAP 掺量对和易性的影响

选用乳化沥青 E_A，在乳化沥青用量 4.0%、拌合用水量 3.6% 条件下，旧料掺量采用 70%、80%、90%，合成级配如表 4.10 所示，研究 3 种不同 RAP 掺量对乳化沥青冷再生混合料和易性的影响，其试验结果如图 4.7 所示。

不同旧料掺量的乳化沥青冷再生混合料合成级配　　　　表 4.10

筛孔尺寸（mm）	26.5	13.2	9.5	4.75	2.36	0.3	0.075
G1	100.00	95.23	66.99	45.70	25.43	5.62	2.86
G2	100.00	90.46	65.84	45.67	25.42	5.62	2.86
G3	100.00	90.46	65.84	45.55	22.14	5.09	2.43
规范级配范围（%）	100	90～100	60～80	35～65	20～50	3～21	2～8

注：90% 旧料合成级配记为 G1，即新加粗集料比例为 10%；80% 旧料合成级配记为 G2，即粗集料含量为 20%；70% 旧料合成级配记为 G3，即新加粗集料比例为 20%，机制砂比例为 10%。

分析图 4.7 可知，当 RAP 掺量为 70%、80%、90% 时扭矩值为 18.1N·m、19.3N·m、20.1N·m，RAP 用量增加混合料扭矩值变大，可能是新旧料摩阻力不一，适量的细集料在混合料拌合过程中有一定润滑作用，粗集料表面纹理粗糙，集料间摩阻力较大，会降低和易性，因此，RAP 用量为 70% 时混合料和易性相对较好。

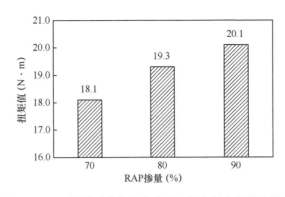

图 4.7　RAP 掺量对乳化沥青冷再生混合料和易性的影响

4.2.4　拌合用水量对和易性的影响

选用乳化沥青 E_A，在乳化沥青用量 4.0％和新料用量 10％（合成级配组成如表 4.4 所示）条件下，研究 4 种不同拌合用水量：3.1％、3.6％、4.1％、4.6％分别对乳化沥青冷再生混合料和易性的影响，测试结果如图 4.8 所示。

分析图 4.8 可知，拌合用水量增加并非扭矩值越小，4 种拌合用水量中扭矩值存在一个最小值，拌合用水量为 3.6％时，扭矩值为 19.3N·m；相比拌合用水量为 3.6％，拌合用水量为 3.1％、4.1％、4.6％的扭矩值分别增加了 5.7％、3.1％、1％；说明了合适的拌合用水量可改善混合料和易性。因为拌合用水量过小，集料表面润湿不足，乳化沥青难以分散均匀，颗粒间摩阻力较大；当拌合用水量稍多时

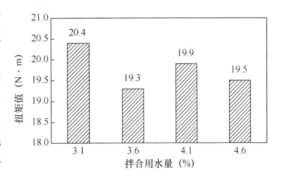

图 4.8　拌合用水量对混合料和易性的影响

细料开始聚集、粗细料出现离析现象，和易性同样变差；若拌合用水量进一步增加，混合料离析加重，开始泌水现象，和易性虽稍有改善，但损失了乳化沥青冷再生混合料的其他性能，因为过多的拌合用水量不仅会浆体流淌、难以压实成型，而且水分挥发时间长，混合料空隙率偏大，其路用性能大大降低。这表明拌合用水量增加虽能一定程度上改善乳化沥青冷再生混合料的和易性，但压实后性能未必增加，因此，乳化沥青冷再生混合料存在最佳拌合用水量，不仅混合料和易性最好，而且压实成型后性能最佳。

4.2.5　乳化沥青特性对和易性的影响

在乳化沥青用量 4.0％和新料用量 10％（合成级配组成如表 4.4 所示）条件下，研究 4 种不同乳化沥青：E_T、E_M、E_A、E_L 对和易性的影响，结果如图 4.9 所示。

分析图 4.9 可知，4 种不同乳化沥青特性中，其中乳化沥青 E_M、E_A 具有较好的和易性，扭矩值大小排序为：$E_T > E_L > E_A > E_M$，表明不同特性的乳化沥青拌合冷再生混合料所受扭矩值有一定的差异，但不明显。根据第 2 章对平均粒径与 $D90$ 的排序为 $E_T > E_L >$

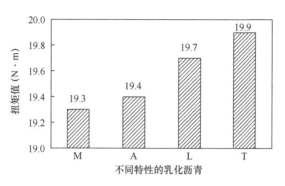

图4.9 不同特性的乳化沥青的冷再生混合料和易性

$E_M > E_A$ 以及不均匀系数排序 $E_T > E_M > E_L > E_A$ 的研究结果表明乳化沥青粒径越细越均匀，在一定程度上说明其裹覆RAP后形成的润滑作用越明显，混合料和易性相应越好；乳化剂化学活性、分子结构不同，制备的乳化沥青与旧料的裹覆均匀性、和易性也有可能不同。

4.2.6 和易性阈值分析

应用统计分析软件SPSS对影响因素进行显著性分析，结果如表4.11、表4.12所示，统计分析表明RAP掺量、拌合用水量对和易性影响显著，乳化沥青特性对和易性影响不显著；统计分析发现95%的置信区间落在19.3～20N·m间，其中极大值为20.6N·m，极小值为17.8N·m，初步建议乳化沥青冷再生混合料扭矩阈值定为20N·m，又因4.2.2节中和易性与时间的关系，可以反算出混合料放置时间不宜超过2.5h，与乳化沥青冷再生混合料中规定的水泥初凝时间要求基本一致。

方差分析   表4.11

源	Ⅲ型平方和	df	均方	F	sig.
RAP掺量	6.142	2	3.071	40.562	0.000
拌合用水量	1.602	2	0.801	10.581	0.002
乳化沥青特性	0.487	2	0.243	3.214	0.071
误差	1.060	14	0.076		
总计	8086.440	21			
校正的总计	11.238	20			

扭矩值统计结果   表4.12

描述		统计量
和易性扭力值（N·m）	均值	19.6095
	均值的95%置信区间 下限	19.2683
	均值的95%置信区间 上限	19.9507
	中值	19.7000
	极小值	17.80
	极大值	20.60

据有关报道，压实性与和易性间存在关联性，压实性试验可作为和易性的度量，因此通过 SGC 成型试件测试不同扭矩值的试件体积参数可以进一步探究和易性指标的合理性，验证试验结果如图 4.10 所示。结果表明 SGC 试件空隙率存在最小值，且在阈值内，说明和易性良好的混合料更有利于压实。扭矩值小于 20N·m 时，空隙率满足《公路沥青路面再生技术规范》JTG/T 5521—2019 的空隙率要求 9％～14％，扭矩值大于 20N·m 时，空隙率增大且大于规范要求的上限值，因此从体积参数方面也反映和易性阈值 20N·m 合理可行。

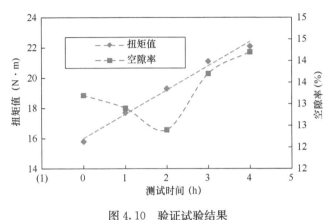

图 4.10　验证试验结果

4.3　冷再生混合料内聚力及其影响因素研究

4.3.1　内聚力评价方法

1. Hveen 内聚力试验

Hveen 内聚力试验是基于 ASTM D1560 进行修正而来，模拟路面材料层底弯拉应力状态，试验仪如图 4.11 所示，其试验原理是通过一定规格的小钢珠匀速在悬臂梁末端上加载，直至试件掰断或者弯曲至某一变形 13mm 时，弹簧开关自动关闭，小球停止流出，称量并记录小球的重量（g），按式（4.1）计算内聚力大小。

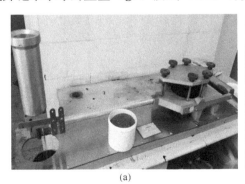

(a)　　　　　　　　　　　　　(b)

图 4.11　内聚力试验仪

试件准备：旋转压实 20 次成型直径 150mm，高 80±3mm 的圆柱体试件，在温度 25℃、相对湿度 70％的恒温恒湿箱中养护 4h。

$$C = \frac{L}{(0.031H + 0.00269\,H^2) \times W} \tag{4.1}$$

式中　C——内聚力值（g/cm^2）；

$\quad L$——球重（g）；

$\quad W$——试件直径（cm）；

$\quad H$——试件高度（cm）。

2. 磨耗试验

根据 ASTM D7196 磨耗试验进行评价，试验用仪器如图 4.12 所示，试件准备方式与上文内聚力测试一致，养护后称重为 W_b，室温下磨耗 15min 后称重为 W_a（当试件松散即刻停止），磨耗损失率 L 按式（4.2）计算。

$$L = \frac{W_b - W_a}{W_b} \times 100\% \tag{4.2}$$

式中　L——磨耗损失率（％）；

$\quad W_b$——磨耗前试件质量（g）；

$\quad W_a$——磨耗后试件质量（g）。

(a)　　　　　　　　　　　　　　(b)

图 4.12　磨耗试验用仪器

3. 钻取芯样

为更直观验证混合料的早期强度形成情况，在室内模拟现场实际情况，成型车辙板，通过钻取芯样的完整度来定性评价。钻取芯样如图 4.13 所示。

4. 稀浆混合料内聚力测试方法

本方法适用于确定稀浆混合料初凝时间和开放交通时间，通过扭力扳手测力测定不同养护时间下的内聚力控制稀浆混合料性能质量，不仅可以评价混合料成型速度，也反映稀浆混合料强度性能。

综上所述，不同的内聚力测试方法各有优缺点，选择材料试验方法时主要考虑有两方面：其一与现场实际符合程度；其二试验方法的简便性、精确性与可操作性。微表处内聚

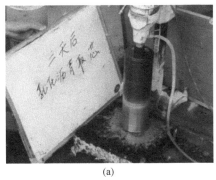

(a)   (b)

图 4.13 车辙板钻取芯样

力试验测试混合料摊铺碾压后早期内聚力大小,能较好地评价混合料的内聚力,但评价乳化沥青冷再生混合料的内聚力是否科学合理,未有论证;扫刷试验间接地模拟开放交通的情况,并未反映出混合料内部真实内聚力的情况;钻取芯样试验可定性的评价内部内聚力形成的情况,但受试验操作影响,数据变异性较大。而 Hevven 试验仪能充分模拟现场实际情况,且评价其内聚力有较好的一致性,因此借助于 Hevven 试验仪定量评价乳化沥青冷再生混合料早期内聚力。

4.3.2 成型时间的影响

选用乳化沥青 E_A,在乳化沥青用量 4.0% 和新料用量 10%(合成级配组成如表 4.4 所示)以及最佳拌合用水量 3.6% 条件下,拌合乳化沥青冷再生混合料,按 Hevven 试验方法要求成型试件,并测试不同放置时间后成型试件的内聚力大小,其结果如图 4.14 所示。

分析图 4.14 可知,乳化沥青冷再生混合料内聚力随放置时间的增加有先增加后降低的趋势,且存在一个最大内聚力,放置约 2h 后成型试件内聚力最大,放置 1~2h 时,混合料有一个内聚力增大的过程,放置 2~5h 后成型试件,测得内聚力强度有下降的趋势。因为乳化沥青冷再生混合料中的乳化沥青在前期并未破乳,具有良好的拌合和易性,后期随着水分挥发,混合料逐步失

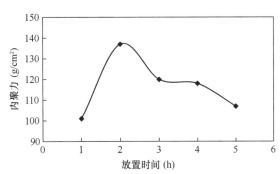

图 4.14 放置时间与内聚力的关系

去和易性,乳化沥青也开始破乳凝结,混合料未完全形成整体,对成型后试件的内聚力有影响,同时也表明内聚力的最大值存在于混合料具有良好和易性时。

4.3.3 乳化沥青特性及用量的影响

根据 Hveen 内聚力测试方法,在乳化沥青用量 4.0% 和新料用量 10%(合成级配如表 4.4 所示)以及最佳拌合用水量 3.6% 条件下,分别考察 4 种不同乳化沥青:E_T、E_M、E_A、

E_L对混合料内聚力的影响，其结果如图4.15所示；选用乳化沥青E_A，在新料用量10%（合成级配如表4.4所示）以及最佳拌合用水量3.6%条件下，分别考察4种不同乳化沥青用量：3.0%、3.5%、4.0%、4.5%对混合料内聚力的影响，其结果如图4.16所示。

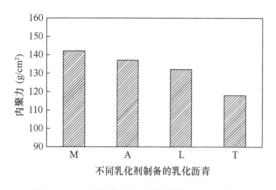

图4.15　不同乳化沥青特性的内聚力大小

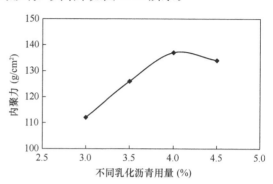

图4.16　不同乳化沥青用量下的内聚力大小

分析图4.15可知，不同乳化剂种类制备乳化沥青的混合料内聚力指标不同，内聚力大小排序为$E_M > E_A > E_L > E_T$。与第2章中不同乳化剂制备乳化沥青的粒径数据比较发现，其平均粒径与$D90$大小排序为$E_T > E_L > E_M > E_A$，不均匀系数$E_T > E_M > E_L > E_A$，从乳化沥青E_T与E_L的内聚力来看，说明粒径越大越不均匀内聚力越小，粒径越小越均匀内聚力越大，从乳化沥青E_A与E_M的内聚力来看，并非完全说明粒径越小越均匀内聚力就越大，可能还与乳化剂本身分子结构的性质有关系。

分析图4.16可知，乳化沥青冷再生混合料内聚力随乳化沥青用量增加有先增加后降低的趋势，乳化沥青用量从3.0%～4.0%变化时，其混合料内聚力随着乳化沥青用量增加而增加；乳化沥青用量从4.0%～4.5%变化时，其冷再生混合料内聚力下降，因此，从乳化沥青冷再生混合料内聚力大小的角度分析，存在一个最佳的乳化沥青用量使得冷再生混合料内聚力最大，其范围在4.0%～4.5%间。乳化沥青用量较少，一方面会导致乳化沥青破乳后的沥青裹覆旧料面积较小，另一方面需要拌合用水量会增多，水分蒸发时间延长且残留空隙较大；乳化沥青用量过多，残留沥青会增多，虽空隙率有所降低，但未形成合理级配，同样内聚力降低。

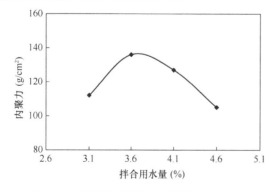

图4.17　不同拌合用水量对乳化沥青冷再生混合料内聚力的影响

4.3.4　拌合用水量的影响

选用乳化沥青E_A，在乳化沥青用量4.0%和新料用量10%（合成级配组成如表4.4所示）条件下，研究4种不同拌合用水量：3.1%、3.6%、4.1%、4.6%分别对乳化沥青冷再生混合料内聚力的影响，结果如图4.17所示。

分析图4.17可知，乳化沥青冷再生混合料拌合用水量从3.1%～4.6%变化时，其混合料内聚力有先增大后减小的趋势，存在一个最佳拌合用水量使得混合料内聚力最大。拌合用量从 2.5%～3.0% 变化时，内聚力随拌合用水量增加而变大；拌合用水量从 3.0%～4.0% 变化时，拌合用水量增大内聚力反而下降。若拌合用水量过少，冷再生混合料润湿不够，和易性变差，同样乳化沥青用量下，裹覆旧料程度不一，导致内聚力较差；同样乳化沥青用量下，拌合用水过多，虽能充分润湿旧料，和易性也在合理范围，但乳化沥青冷再生混合料强度形成是水分不断蒸发的过程，水分越大，强度形成越慢，且残留空隙越大，尤其早期强度就越差。另外从内聚力随拌合用水量变化趋势可以看出，采用内聚力试验确定的最佳含水量与第 5 章中劈裂强度确定的含水量具有较好的一致性，同时也在一定程度上表明了内聚力测试方法的合理性。

4.3.5 级配组成的影响

选用乳化沥青 E_A，在乳化沥青用量 4.0%、拌合用水量 3.6% 条件下，旧料掺量采用 70%、80%、90%（合成级配组成如表 4.4 所示），研究 RAP 掺量对冷再生混合料内聚力的影响，其试验结果如图 4.18 所示。

分析图 4.18 可知，随 RAP 掺量增加乳化沥青冷再生混合料内聚力增大。当 RAP 掺量为 70% 时冷再生混合料内聚力为 112 g/cm^2，RAP 掺量为 80% 时冷再生混合料内聚力相比 RAP 掺量为 70% 时增加 18%，RAP 掺量为 90% 时冷再生混合料内聚力相比 RAP 掺量为

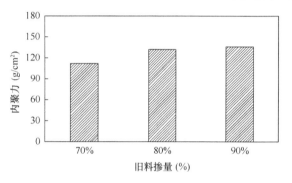

图 4.18 不同旧料掺量下的乳化沥青冷再生
混合料内聚力

80% 时增加 3%。表明乳化沥青冷再生混合料内聚力并非新料越多越好，内聚力的形成主要依靠乳化沥青冷再生混合料胶浆的强度，新料越多，表面需要裹覆的沥青越多，同样乳化沥青用量下，胶浆强度偏低；另外新料与旧料的相容性也并非一致。

4.3.6 相关性分析

为研究 RAP 掺量、拌合用水量、乳化沥青特性及用量对冷再生混合料内聚力的影响程度，进行单因素 SPSS 方差分析，结果如表 4.13～表 4.16 所示。

旧料掺量对混合料内聚力影响的方差分析 表 4.13

	平方和	df	均方	F	显著性
组间	1371.167	2	685.583	17.950	.001
组内	343.750	9	38.194		
总数	1714.917	11			

拌合用水量对混合料内聚力影响的方差分析 表 4.14

	平方和	df	均方	F	显著性
组间	2372.797	3	790.932	54.645	.000
组内	173.688	12	14.474		
总数	2546.484	15			

乳化沥青用量对混合料内聚力影响的方差分析   表 4.15

	平方和	df	均方	F	显著性
组间	1493.500	3	497.833	75.145	.000
组内	79.500	12	6.625		
总数	1573.000	15			

乳化沥青特性对混合料内聚力影响的方差分析   表 4.16

	平方和	df	均方	F	显著性
组间	1293.250	3	431.083	21.332	.000
组内	242.500	12	20.208		
总数	1535.750	15			

通过以上单因素 SPSS 方差分析，计算旧料掺量、拌合用水量、乳化沥青特性及其用量的显著性水平 P 值，即 sig. 分别为 0.01、0.00、0.00、000，均小于 0.05（统计学上设定 0.05 为小概率事件的临界），说明 4 个因素在 5％显著性水平时对乳化沥青冷再生混合料内聚力都有显著影响，从统计量 F 值大小来看，一般 F 值越大，说明该因素对试验结果的影响越显著，或者说该因素越重要，而旧料掺量、拌合用水量、乳化沥青特性及其用量的 F 值分别为 17.95、54.64、21.33、75.14，表明乳化沥青用量与拌合用水量对其冷再生混合料内聚力影响最大，乳化沥青特性影响次之，旧料用量影响最小。

4.3.7　内聚力与试件取芯关系研究

选用乳化沥青 E_A，在乳化沥青用量 4.0％、新料用量 10％（合成级配组成如表 4.4 所示）以及最佳拌合用水量 3.6％条件下，拌合乳化沥青冷再生混合料，按 Hevven 试验方法要求成型试件，养护不同时间后立即进行取芯试验，其结果如图 4.19～图 4.22 所示。

（1）试件养护时间为 8h

(a)   (b)

图 4.19　成型 8h 后取芯效果

对养护 8h 后的试件进行取芯，通过实验记录发现，取芯机未到试件底部时，试件外侧已完全松散，观察取芯机内侧，发现试件仅有小块残留，大部分处于松散的状态，说明乳化沥青冷再生混合料基本未形成强度。

（2）试件养护时间为 24h

(a)

(b)

图 4.20　成型 24h 后取芯效果

对养护 24h 后的试件进行取芯，通过实验记录发现，取芯机到试件底部时，试件外侧完全裂开，但未松散；观察取芯机内侧，发现试件有大块残留，未出现完全松散的状态，说明乳化沥青冷再生混合料处于强度形成初始阶段，此时所测得的再生混合料内聚力为 $139 \mathrm{g/cm^2}$。

（3）试件养护时间为 30h

(a)

(b)

图 4.21　成型 30h 后取芯效果

(a)

(b)

图 4.22　成型 54h 后取芯效果

对养护 30h 后的试件进行取芯，通过实验记录发现，取芯机到试件底部时，试件外侧裂开，观察取芯机内侧，发现试件已基本成型，完整率达 80％，说明乳化沥青冷再生混合料处于强度已逐步形成，此时所测得的再生混合料内聚力为 $147g/cm^2$。

（4）试件养护时间为 54h

对养护 54h 后的试件进行取芯，通过实验记录发现，取芯机到试件底部时，试件外侧未裂开，仅有局部轻微掉落，进一步观察取芯机内侧，发现试件已完全成型，完整率达 95％以上，说明乳化沥青冷再生混合料处于强度已形成，此时所测得的再生混合料内聚力为 $163g/cm^2$。

在取芯前对试件进行内聚力测试，其结果如表 4.17 所示，并对试件内聚力随养护时间的变化进行曲线拟合，如图 4.23 所示。

不同养护时间乳化沥青冷再生混合料内聚力测试值　　　　表 4.17

养护时间（h）	8	24	30	54
内聚力（g/cm^2）	105	139	147	163

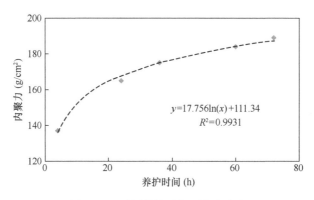

图 4.23　不同养护时间下的内聚力

分析图 4.23 可知，随着养护时间的增加，乳化沥青冷再生混合料内聚力呈对数增加趋势，相关系数为 0.9931，即养护前期（养护 1 天）时内聚力的增加速度较快，后期增加的速度相对较慢些，相比标准 4h 放置的时间，养护 24h、36h、60h、72h 冷再生混合料内聚力分别增加 20％、6％、5％、3％，也表明了合理的养护时间对冷再生混合料早期强度的影响至关重要。

乳化沥青冷再生工程进行下道工序施工的条件应取出完整芯样，从室内试验结果来看，当冷再生混合料内聚力不小于 $163g/cm^2$ 能取出完整芯样。

4.4　小结

本章主要针对乳化沥青冷再生混合料和易性、内聚力及其影响因素开展深入研究，小结如下：

（1）通过自主研发和易性设备，研究不同因素及水平对乳化沥青冷再生混合料和易性的影响，结果表明：随着放置时间增加，扭矩值线性增加；随着 RAP 用量增加和易性变差；在最佳拌合用水量表现出和易性和压实成型后性能最佳；乳化沥青粒径越细越均匀，冷再生混合料和易性越好。统计分析表明RAP掺量、拌合用水量对和易性影响显著，乳化沥青特性对和易性影响不显著，以此为基础推荐乳化沥青冷再生混合料和易性阈值为20N·m。

（2）研究乳化沥青冷再生混合料内聚力评价指标及方法，分析其影响因素，结果表明：试件内聚力最大时对应最佳的乳化沥青用量、拌合用水量与放置时间；采用内聚力试验与劈裂强度试验确定的最佳含水量一致；随着RAP掺量增加内聚力增大；内聚力随养护时间增加呈对数增加趋势，推荐了混合料内聚力应大于 $163g/cm^2$。

本 章 参 考 文 献

[1] Wang Chun, Hao Pei-wen, Ruan Fang, et al. Determination of the production temperature of warm mix asphaltby workability test[J]. Construction and Building Materials，2013，48：1165-1170.

[2] Zhen-junWang, Qiong Wang, Tao Ai. Comparative study on effects of binders and curing ages on properties of cement emulsified asphalt mixture using gray correlation entropy analysis[J]. Construction and Building Materials，2014，54：615-622.

[3] 吕伟民，孙大权. 沥青混合料设计手册[M]. 北京：人民交通出版社，2007.

[4] 汪德才，郝培文，刘娜，张海伟，李志刚. 乳化沥青冷再生混合料和易性指标及影响因素[J]. 北京工业大学学报，2016，42(6)：919-925.

[5] 阮妨. 温拌沥青混合料配合比设计方法及技术性能研究[D]. 西安：长安大学，2012.

第5章 乳化沥青冷再生混合料配合比设计方法优化

科学合理地配合比设计方法是保证混合料具有良好使用性能的前提。由于乳化沥青冷再生混合料中含有较高比例的沥青路面旧料，少量新料（如需要）、水泥等，材料构成相比 HMA 复杂多变，设计方法也与 HMA 有所不同。目前对于乳化沥青冷再生混合料配合比设计方法，国际上标准仍未统一，许多科研机构、组织都提出了自己的设计方法。本章在学习和参考国内外设计方法基础上，基于旋转压实成型方法对乳化沥青冷再生的材料组成设计进行了深入研究，以期完善及优化以旋转压实成型方法为基础的冷再生设计方法，并提升乳化沥青冷再生混合料路用性能。

5.1 试件成型及养护方法分析

当前国内乳化沥青冷再生配合比设计是基于强度的马歇尔方法，该方法简单快捷、成熟稳定，广泛使用在热料体系中，但这种方法并未考虑荷载水平剪切作用，期望增加压实次数提高混合料密实度，不符合现场实际。此外，对于乳化沥青冷再生体系，马歇尔设计方法存在设计指标单一、二次击实以及试验再现性差等诸多问题，考虑到冷料体系的复杂性及材料特性的内在要求，乳化沥青冷再生混合料成型试件宜采用旋转压实成型方法。

乳化沥青冷再生混合料是由 RAP、水、乳化沥青、新集料（如需要）和水泥等组成的多相复合体系，其强度的形成和演化非常复杂，在配合比设计过程中，为使冷再生混合料尽早形成强度，通常采用加速养护的方法模拟现场。本书结合国内外试件养护方法研究成果，确定养护方式为：旋转压实仪（SGC）成型试件后直接脱模，放在自然环境中自然养护 24h，然后放入 40℃鼓风烘箱中加速养护不少于 72h。

5.2 旋转压实成型方法参数研究

5.2.1 压实特性分析

1. 压实曲线特征分析

旋转压实过程中的压实曲线是研究混合料压实特性的重要依据。分析冷再生混合料压实特性时采用矿料合成级配组成，如表 4.4 所示，乳化沥青（E_A）用量为 3.5%，试件直径为 100mm。

根据旋转压实仪在压实过程中记录的压实高度，采用体积反算获得每个旋转压实次数对应的密度。同一级配、同一乳化沥青用量下混合料随旋转压实次数的增加，试件高度、密度变化规律分别如图 5.1、图 5.2 所示。

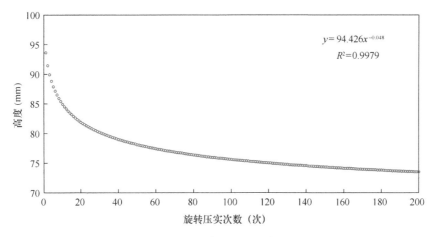

图 5.1　试件高度随旋转压实次数的变化规律

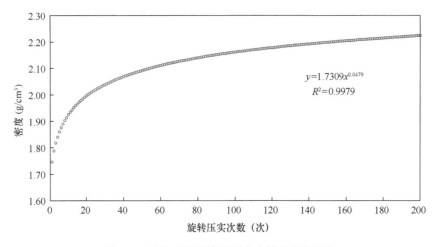

图 5.2　试件密度随旋转压实次数的变化规律

从图 5.1 和图 5.2 可以看出：

试件高度、密度都与压实次数呈指数关系，随旋转压实次数增加，试件高度减小，密度逐渐增大。对回归曲线方程求导后，可计算出压实曲线上任一点的斜率，可反映出某个压实次数时的压实速率，随压实次数增加，压实速率逐渐减小，最后趋近于 0。

SGC 压实次数在 0～10 次范围内，试件高度、密度急剧变化，高度变化范围为8.7mm，密度相差为 9.1％；SGC 压实次数在 10～30 次范围内，试件高度、密度变化趋势开始减缓，高度变化范围为 4.7mm，密度相差为 5.5％；当 SGC 压实次数在 30～50 次时，压实难度进一步增加，高度变化范围为 2.1mm，密度相差为 2.5％；当 SGC 压实次数在 50～75 次时，随着压实次数的增加，试件高度、密实度的变化很小，这说明旋转压实 50 次，冷再生混合料已相当密实，高度变化范围不到 1.6mm，密度相差在 1.9％内。从 SGC 压实试验情况来看，若 SGC 压实接近或超过 75 次时，混合料中的黑色乳液就会被过大的压实功开始挤出，而影响其性能的真实性，因此把 75 次作为最大的旋转压实次数。

为了更加直观地分析试件高度的变化规律，计算每旋转压实 10 次试件高度的变化率，结果如表 5.1、图 5.3 所示。

不同乳化沥青用量下每旋转压实 10 次试件高度的变化率　　表 5.1

编号	旋转次数	高度变化率（%）						
		3.0%	3.5%	4.0%	4.5%	70%	80%	90%
1	1～10	6.20	6.52	6.15	6.40	6.44	6.46	6.52
2	10～20	5.30	5.50	5.33	5.55	5.51	5.42	5.50
3	20～30	2.51	2.60	2.52	2.67	2.61	2.58	2.60
4	30～40	1.65	1.65	1.60	1.71	1.68	1.64	1.65
5	40～50	1.16	1.20	1.18	1.25	1.27	1.21	1.20
6	50～60	0.95	0.89	0.90	0.95	0.87	0.92	0.89
7	60～70	0.74	0.72	0.74	0.77	0.68	0.74	0.72
8	70～80	0.61	0.65	0.61	0.67	0.62	0.64	0.65
9	80～90	0.53	0.49	0.52	0.53	0.47	0.52	0.49
10	90～100	0.46	0.46	0.44	0.47	0.44	0.46	0.46
11	100～110	0.44	0.38	0.41	0.40	0.37	0.41	0.38
12	110～120	0.38	0.37	0.35	0.36	0.33	0.35	0.37

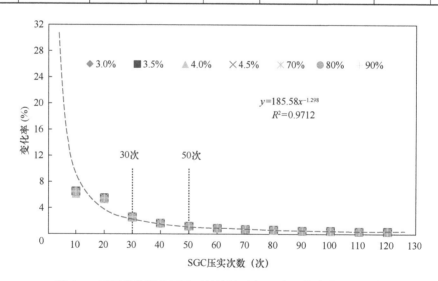

图 5.3　不同乳化沥青用量下每旋转压实 10 次试件高度的变化率

由上述表 5.1、图 5.3 可以看出，不同乳化沥青用量下，在旋转压实 0～30 次阶段，试件高度变化率较大，空隙率下降明显；旋转压实 30 次时出现拐点，高度变化率下降，每旋转压实 10 次，试件高度变化率在 1.8% 以下，空隙率下降在 0.2% 以下；旋转压实 50 次之后，每旋转压实 10 次，试件高度变化率在 1% 以下，空隙率下降不超过 0.1%，说明旋转压实 50 次，乳化沥青冷再生混合料已压实密实，再增大压实功，对混合料的压实效果逐渐下降，因此，将设计压实次数可定为 50 次；乳化沥青用量从 3.0% 提高到 3.5%，从 3.5% 提高到 4.0%，试件空隙率明显减小，而乳化沥青用量从 4.0% 提高到

4.5%，试件空隙率提高较少，表明此时乳化沥青用量已经满足混合料空隙率要求；在乳化沥青用量不大的情况下，乳化沥青用量越多，冷再生混合料越容易被压实。

2. 旧料掺量对混合料密实度的影响

由图 5.4 可知，3 种旧料掺量的乳化沥青冷再生混合料随着 SGC 压实次数的增加，其高度不断减少，且压实速率趋近于 0，变化趋势一致，表明 3 种不同旧料掺量的乳化沥青冷再生混合料的压实特性一致，且对混合料的密实度影响较小。

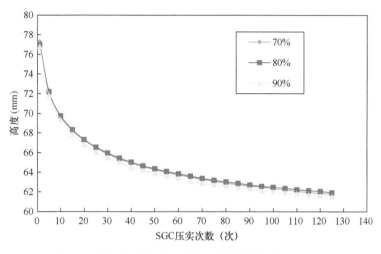

图 5.4 不同旧料掺量下试件高度随旋转压实的变化率

3. 油石比对混合料密实度的影响

为了进一步比较不同乳化沥青用量下的压实效果，采用相同级配，分别在乳化沥青用量 3.0%、3.5%、4.0% 及 4.5% 条件下拌制混合料，旋转压实 125 次，试件旋转压实数据和压实曲线分别如表 5.2、图 5.5 及图 5.6 所示。

不同乳化沥青用量下旋转压实次数与试件高度、空隙率的关系　　　表 5.2

压实次数	高度（mm）				压实次数	空隙率（%）			
	3.0%	3.5%	4.0%	4.5%		3.0%	3.5%	4.0%	4.5%
1	76.3	76.8	75.5	76.6	1	12.81	11.97	10.96	10.84
5	71.6	71.8	70.8	71.7	5	12.01	11.19	10.29	10.15
10	69.2	69.3	68.4	69.2	10	11.61	10.80	9.94	9.79
15	67.8	67.8	67.0	67.7	15	11.38	10.57	9.74	9.58
20	66.8	66.8	66.1	66.7	20	11.21	10.42	9.60	9.44
25	66.1	66.0	65.4	65.9	25	11.09	10.30	9.49	9.33
30	65.5	65.5	64.8	65.3	30	10.99	10.21	9.41	9.24
35	65.0	65.0	64.3	64.8	35	10.91	10.13	9.34	9.17
40	64.6	64.5	63.9	64.3	40	10.84	10.06	9.28	9.11
45	64.2	64.2	63.6	63.9	45	10.78	10.01	9.23	9.05
50	63.9	63.9	63.2	63.6	50	10.73	9.96	9.19	9.01
55	63.6	63.6	63.0	63.3	55	10.68	9.92	9.15	8.97
60	63.4	63.4	62.7	63.1	60	10.64	9.88	9.11	8.93

压实次数	高度（mm）				压实次数	空隙率（%）			
	3.0%	3.5%	4.0%	4.5%		3.0%	3.5%	4.0%	4.5%
65	63.1	63.1	62.5	62.8	65	10.60	9.84	9.08	8.90
70	62.9	62.9	62.3	62.6	70	10.56	9.81	9.05	8.87
75	62.8	62.7	62.1	62.4	75	10.53	9.78	9.02	8.84
80	62.6	62.6	62.0	62.3	80	10.50	9.76	9.00	8.82
85	62.4	62.4	61.8	62.1	85	10.48	9.73	8.98	8.79
90	62.3	62.3	61.7	61.9	90	10.45	9.71	8.96	8.77
95	62.1	62.1	61.5	61.8	95	10.43	9.69	8.94	8.75
100	62.0	62.0	61.4	61.7	100	10.41	9.67	8.92	8.73
105	61.9	61.9	61.3	61.6	105	10.38	9.65	8.90	8.72
110	61.8	61.8	61.2	61.4	110	10.37	9.63	8.89	8.70
115	61.6	61.7	61.1	61.3	115	10.34	9.62	8.87	8.68
120	61.5	61.6	61.0	61.2	120	10.33	9.60	8.85	8.67
125	61.4	61.5	60.9	61.1	125	10.31	9.58	8.84	8.65

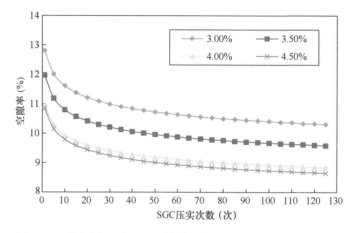

图 5.5 不同乳化沥青用量下旋转压实次数和试件空隙关系规律

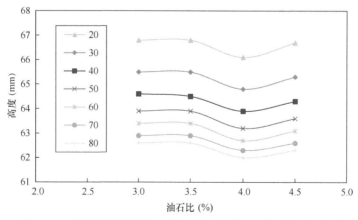

图 5.6 不同乳化沥青用量下旋转压实次数和试件高度关系规律

由图 5.5、图 5.6 可知，在相同的油石比下，随压实次数增加，混合料空隙率减小，且减小的速率越来越小，最后接近于 0，4 种油石比下具有相同的变化趋势；在相同的旋转压实次数下，随着油石比提高，混合料存在最佳油石比 4.0％，其密实度最大。

5.2.2　指标影响分析

上文冷再生混合料旋转压实特性分析的过程中，未控制试件压实后的高度，考虑到测试试件马歇尔稳定度和劈裂强度等指标时对试件高度的要求，采用旋转压实法（SGC）成型高 63.5mm、直径 100mm 圆柱形试件。采用级配相同，在乳化沥青用量 3.0％、3.5％、4.0％、4.5％条件下，分别 SGC 压实 30 次、50 次、75 次、100 次和马歇尔击实成型试件，试件成型后按照选定的养护方法养护，养护结束后测试试件的空隙率、15℃劈裂强度等，试验结果如表 5.3、表 5.4、图 5.7 和图 5.8 所示。

不同成型方法下试件空隙率　　　　　　　　　　　　　　　　表 5.3

成型方法	乳化沥青用量（％）			
	3.0	3.5	4.0	4.5
旋转压实 30 次	12.7	12.2	11.0	10.6
旋转压实 50 次	11.2	10.3	9.6	9.3
旋转压实 75 次	10.6	10.0	9.4	9.0
旋转压实 100 次	10.3	9.7	9.1	8.9
马歇尔击实	11.4	10.4	9.7	9.5

不同成型方法下试件劈裂强度（MPa）　　　　　　　　　　　表 5.4

成型方法	乳化沥青用量（％）			
	3.0	3.5	4.0	4.5
旋转压实 30 次	0.46	0.67	0.71	0.73
旋转压实 50 次	0.58	0.78	0.85	0.88
旋转压实 75 次	0.65	0.82	0.92	0.96
旋转压实 100 次	0.70	0.83	0.94	0.98
马歇尔击实	0.55	0.74	0.81	0.80

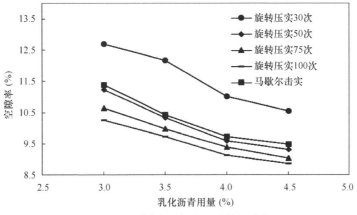

图 5.7　不同成型方法下试件空隙率

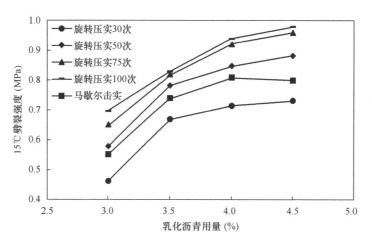

图 5.8　不同成型方法下试件劈裂强度

从表 5.3、表 5.4、图 5.7 和图 5.8 中可以看出：

（1）在相同乳化沥青用量下，试件空隙率随压实次数增大而减少。旋转压实次数从 30 次增加到 50 次，试件空隙率明显下降，旋转压实次数从 50 次增加到 75 次，试件空隙率下降趋势减缓，旋转压实次数从 75 次增加到 100 次，试件空隙率下降不超过 0.3%，表明旋转压实 50 次试件已基本压密，再增大压实次数，压实效果下降。

（2）在相同乳化沥青用量条件下，试件 15℃劈裂强度随压实次数增大而增大。旋转压实次数从 30 次增加到 50 次，试件 15℃劈裂强度明显增大，旋转压实次数从 50 次增加到 75 次，试件 15℃劈裂强度增大趋势减缓，旋转压实次数从 75 次增加到 100 次，试件 15℃劈裂强度增大不超过 0.05MPa，表明旋转压实 50 次试件已基本压密，再增大压实次数，对强度的提高作用不明显。

（3）旋转压实 50 次时，试件空隙率比马歇尔击实成型稍小，说明旋转压实 50 次的压实功比马歇尔两面击实 75 次的击实功大，马歇尔两面击实 75 次的击实效果与旋转压实 40～50 次相当。旋转压实 50 次时，试件的 15℃劈裂强度明显比马歇尔击实的强度大。

（4）我国《公路沥青路面再生技术规范》JTG/T 5521—2019 要求的冷再生混合料空隙率在 8%～13% 之间，而旋转压实 50 次时，试件的空隙率在 9%～11%，说明此时冷再生混合料的压实效果已满足规范要求。冷再生工程的乳化沥青用量通常在 3.0%～4.5%，此时旋转压实 50 次的空隙率在 9%～11% 之间，现场验收通常要求现场路面至少达到室内试验 99% 的压实效果，此时空隙率在 13% 以下，满足规范的要求。因此，本书认为在冷再生混合料设计时，选择旋转压实 50 次成型试件是合理的。

5.2.3　SGC 压实参数分析

美国战略公路研究计划（SHRP）研究成果中，HMA 最佳油石比和设计标准的依据是 SGC 压实度在一定的压实次数下达到一定的要求。在初始压实次数 N_{ini} 时要求压实度小于 89%，防止出现软沥青；在设计压实次数 N_{des} 时要求压实度等于 96%，满足设计空隙率 4% 的要求；最大压实次数 N_{max} 要求压实度小于 98%，防止沥青混合料的破坏。Super-pave 设计方法中对于不同设计交通量和温度条件下的初始压实次数 N_{ini}、设计压实次

数 N_{des} 及最大压实次数 N_{max} 有相应的规定。

乳化沥青冷再生混合料的材料特性、空隙率与压实特性等与 HMA 有显著的差异。本书对乳化沥青冷再生混合料的 SGC 压实曲线中的 N_{ini}、N_{des} 与 N_{max} 的定义与要求也不同于 Super-pave 设计方法。从压实曲线及特性来看，乳化沥青冷再生混合料的压实可以分为三个阶段。

第一阶段为初始压实阶段，开始压实时冷再生混合料密实度快速增加，在乳化沥青和水的润滑作用下，集料滑动并逐步接触，随着压实次数的增加。密实度增长速率逐渐减小。压实曲线的曲率半径由大变小，且存在最小值，记为初始压实次数 N_{ini}。

第二阶段为设计压实阶段，即达到再生混合料理想设计空隙率（10%±1%）要求时，对应的旋转压实次数 N_{des}，此时，乳化沥青冷再生混合料达到密实状态，这个过程为密实度缓慢增长阶段，主要是克服集料颗粒间的摩阻力，使混合料集料颗粒重新排列并相互嵌挤，内部空隙进一步填充，达到设计空隙率后，混合料表面会有水分被挤出。

第三阶段为极限压实阶段，再生混合料达到设计空隙后，增加压实次数，其密实度增加幅度较小，开始出现乳液析出和失稳现象，最终达到极限空隙的状态。有学者认为 SGC 压实曲线的第三阶段的压密与沥青路面在长期荷载作用下的变形有一定联系，可用于预测沥青混合料的长期路面性能。但是 SGC 压实的温度、受力等试验条件与路面使用期的实际情况相差甚大，难以简单地建立室内试验与路面性能的联系，所以并未对乳化沥青冷再生混合料压实曲线的第三阶段深入分析。

乳化沥青冷再生混合料的强度形成与 HMA 显著不同，HMA 高温下处于流动状态，属于黏性材料，当温度处于常温条件时，HMA 处于弹性状态，无法流动，强度形成，可开放交通，而乳化沥青冷再生混合料的工作性是由于乳化沥青在常温下具有流动性，强度形成需要乳化沥青破乳，水分蒸发，因此，乳化沥青冷再生混合料成型既要考虑充分模拟现场压实情况，又要保证其成型后的性能与现场碾压后的性能的一致性。虽然旋转压实方法可模拟现场压实机械的揉压情况，但如何确定 SGC 压实次数至关重要，若设计 SGC 压实次数过少，乳化沥青冷再生混合料的性能无法充分发挥，若 SGC 压实次数过多，一方面现场施工质量难以满足室内设计要求，另一方面乳化沥青冷再生混合料压实时，会有乳液浸出，难以反映性能的真实性。

综上所述，借鉴 Superpave 的 HMA 设计思想，确定 N_{ini} 为 10 次，N_{des} 为 50 次，N_{max} 为 75 次。

5.3 用水量确定方法研究

为保证乳化沥青均匀裹覆 RAP，在乳化沥青冷再生混合料拌合时需外加适量的水预湿，这点与 HMA 有明显不同，合理用水量能够明显提高冷再生混合料和易性、压实性与路用性能。目前，确定混合料外加水量时采用重型击实试验，而重型击实试验的击实功与马歇尔击实的击实功有所不同，研究发现重型击实试验确定最佳拌合用水量并不能完全满足马歇尔击实要求。书中采用旋转压实成型试件，基于重型击实试验确定的最佳拌合用水量是否适合，有待进一步验证。

5.3.1 对比试验分析

为了确定旋转压实成型试件所需要的最佳拌合用水量，设置两组试验 T1（重型击实试验确定最佳拌合用水量）、T2（旋转压实确定最佳拌合用水量）。T1 试验在 3.5% 的乳化沥青用量下，变化拌合用水量 2.3%、3.3%、4.3%、5.3% 进行击实实验；T2 试验在 3.5% 的乳化沥青用量下，变化拌合用水量 1.8%、2.3%、2.8%、3.3%、3.8% 进行旋转压实 50 次成型试件。试验结果如表 5.5 所示。

<table>
<tr><td colspan="6" align="center">旋转压实和重型击实拌合用水量试验数据　　　　　　表 5.5</td></tr>
<tr><td align="center">试验组</td><td align="center">试验方法</td><td align="center">拌合用水量
（%）</td><td align="center">实际含水量
（%）</td><td align="center">湿密度
（g/cm³）</td><td align="center">干密度
（g/cm³）</td></tr>
<tr><td rowspan="4" align="center">T1</td><td rowspan="4" align="center">重型击实</td><td align="center">2.3</td><td align="center">3.2</td><td align="center">2.077</td><td align="center">2.013</td></tr>
<tr><td align="center">3.3</td><td align="center">3.8</td><td align="center">2.116</td><td align="center">2.038</td></tr>
<tr><td align="center">4.3</td><td align="center">4.7</td><td align="center">2.112</td><td align="center">2.018</td></tr>
<tr><td align="center">5.3</td><td align="center">5.4</td><td align="center">2.083</td><td align="center">1.976</td></tr>
<tr><td rowspan="5" align="center">T2</td><td rowspan="5" align="center">旋转压实</td><td align="center">1.8</td><td align="center">2.4</td><td align="center">2.133</td><td align="center">2.083</td></tr>
<tr><td align="center">2.3</td><td align="center">2.7</td><td align="center">2.152</td><td align="center">2.095</td></tr>
<tr><td align="center">2.8</td><td align="center">3.1</td><td align="center">2.182</td><td align="center">2.116</td></tr>
<tr><td align="center">3.3</td><td align="center">3.4</td><td align="center">2.167</td><td align="center">2.096</td></tr>
<tr><td align="center">3.8</td><td align="center">3.9</td><td align="center">2.160</td><td align="center">2.079</td></tr>
</table>

根据表 5.5 中试验数据，绘制拌合用水量和干密度曲线图，如图 5.9 所示。在重型击实的 T1 试验组中，最大干密度为 2.035g/cm³，对应的最佳拌合用水量为 3.4%；在旋转压实的 T2 试验组中，最大干密度为 2.108g/cm³，对应的最佳拌合用水量为 2.8%。可以看出，采用旋转压实得到的最佳拌合用水量比重型击实小 0.6%，旋转压实得到的最大干密度比重型击实大 0.073g/cm³；如按照重型击实的 3.4% 的最佳拌合用水量，旋转压实得到的干密度为 2.097g/cm³，比其最大干密度小 0.011g/cm³。

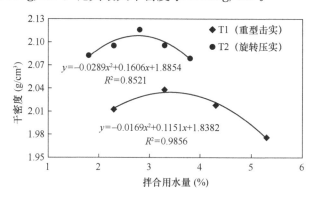

图 5.9　旋转压实和重型击实拌合用水量和干密度曲线图

试验表明，相同拌合用水量条件下旋转压实能比重型击实获得更大的干密度，说明旋转压实方法更有利于混合料压实；实际工程中重型击实确定的最佳拌合用水量偏大会带来由水而造成的系列问题，影响其混合料性能。因此，确定最佳拌合用水量应采用旋转压实成型方法。

为了进一步探究拌合用水量与成型后试件强度间联系，在 3.5％乳化沥青用量条件下，变化拌合用水量 1.8％、2.3％、2.8％、3.3％、3.8％，旋转压实 50 次成型 5 组试件，每组 8 个试件，试件养护结束后测试其干、湿劈裂强度，试验结果如表 5.6 所示。

干劈裂强度、湿劈裂强度拌合用水量与试件劈裂强度关系　　表 5.6

拌合用水量（%）	干劈裂强度（MPa）	湿劈裂强度（MPa）	干湿劈裂强度比
1.8	0.70	0.62	0.89
2.3	0.72	0.66	0.91
2.8	0.78	0.71	0.90
3.3	0.68	0.64	0.94
3.8	0.65	0.58	0.89

根据表 5.6 中试验数据，绘制拌合用水量和干劈裂强度、湿劈裂强度的散点图，采用拌合用水量与试件强度曲线图，如图 5.10 所示。从图中可以看出，干劈裂强度最大值为 0.75MPa，对应拌合用水量为 2.6％；湿劈裂强度最大值为 0.69MPa，对应拌合用水量为 2.7％；各组试件的干湿劈裂强度比在 0.89～0.94 之间，满足要求。可以看出试件强度最大时拌合用水量与最佳拌合用水量基本一致，说明试件的密度和强度呈正相关关系，密度越大，强度越大。

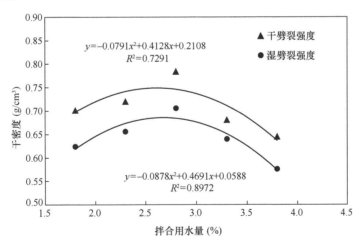

图 5.10　干劈裂强度、湿劈裂强度拌合用水量与试件强度曲线图

5.3.2　用水量方法分析

为了确定乳化沥青对集料的润滑作用，设置两组试验 T2（加乳化沥青）、T3（不加乳化沥青）。T2 试验在 3.5％的乳化沥青用量下，变化拌合用水量 1.8％、2.3％、2.8％、3.3％、3.8％，旋转压实 50 次压实混合料；T3 试验中不加乳化沥青，变化拌合用水量 4％、5％、6％、7％、8％，旋转压实 50 次压实混合料。试验结果如表 5.7 所示。

有无乳化沥青拌合用水量试验数据 表 5.7

试验组	有无乳化沥青	拌合用水量 （％）	实际含水量 （％）	湿密度 （g/cm³）	干密度 （g/cm³）
T2	加乳化沥青	1.8	2.4	2.133	2.083
		2.3	2.7	2.152	2.095
		2.8	3.1	2.182	2.116
		3.3	3.4	2.167	2.096
		3.8	3.9	2.160	2.079
T3	不加乳化沥青	4.0	3.5	2.148	2.076
		5.0	3.9	2.163	2.082
		6.0	4.6	2.172	2.077
		7.0	5.0	2.165	2.063
		8.0	5.2	2.151	2.045

根据表 5.7 中试验数据，绘制拌合用水量和干密度的散点图，并采用拌合用水量与干密度曲线图，如图 5.11 所示。在 T2 试验组中，得到最大干密度为 2.108g/cm³，拌合加水量为 2.8％；在 T3 试验组中，得到最大干密度为 2.081g/cm³，拌合加水量为 5.0％。T2 试验组中加入了 3.5％的乳化沥青，如按照总液体含量来处理数据，T2 和 T3 中最大干密度对应的液体含量分别为 6.3％和 5.0％，表明乳化沥青的润滑作用小于水。

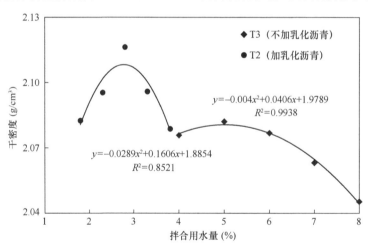

图 5.11 有无乳化沥青拌合用水量与干密度曲线图

根据表 5.7 中试验数据，绘制拌合用水量和湿密度曲线图，如图 5.12 所示。T2 试验中得到最大湿密度为 2.174g/cm³，拌合用水量为 3.1％；T3 试验中得到最大湿密度为 2.171g/cm³，拌合用水量为 6.1％。T2 试验中加入 3.5％乳化沥青，而 T2 和 T3 中拌合加水量相差 3.0％，这也反映出乳化沥青润滑作用小于水。

根据表 5.7，绘制实际含水量和干密度曲线图，如图 5.13 所示。T2 试验中，得到最大干密度为 2.107g/cm³，实际含水量为 3.1％；T3 试验中，得到最大干密度为 2.084g/cm³，实际含水量为 4.1％。T2 中加入了 3.5％乳化沥青，纯沥青为 2.2％，而 T2 和 T3 中实际

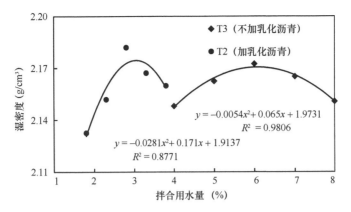

图 5.12　拌合用水量和湿密度曲线图

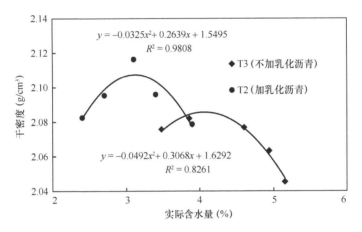

图 5.13　实际含水量和干密度曲线图

含水量仅相差 1%，表明水的润滑作用大于乳化沥青。

　　由以上试验分析可得，乳化沥青对集料的润滑作用不如水的润滑作用，因此，进行乳化沥青冷再生混合料设计时，不宜采用最佳液体流量法，应采用最佳含水量法确定拌合用水量。

　　在乳化沥青冷再生混合料中加入适量的水，主要目的是有助于乳化沥青对 RAP 与集料的均匀裹覆，增加集料间润滑性，有利于冷再生混合料拌合与压实。有助于拌合其实反映的是冷再生混合料和易性，有助于压实其实就是压实效果，即混合料密实度，能达到最大密实度时对应的最佳含水率。因此本书结合乳化沥青冷再生混合料的和易性最优的含水率与最大干密度的含水率，推荐最佳含水率的方法见式（5.1）

$$W_{opt} = \frac{1}{2}(W_t + W_p) \tag{5.1}$$

式中　W_{opt}——乳化沥青冷再生混合料最佳含水率（%）；

　　　　W_t——最佳和易性对应的最佳含水率（%）；

　　　　W_p——混合料最大密实度时对应的最佳含水率（%）。

5.4 环境温度的影响研究

乳化沥青常温下具有流动性，能与集料进行拌合生产，但温度对其工作性能影响较大。温度偏低，乳化沥青的黏度大，流动性差，形成强度慢；温度偏高，乳化沥青的黏度小，流动性好，容易凝聚破乳并发挥胶结料作用。

在施工过程中，乳化沥青冷再生混合料受环境温度影响大，气温太低会明显降低混合料的拌合、压实效果，导致混合料无法在短时间内形成强度。目前关于乳化沥青冷再生混合料温度影响研究，大多集中在养护温度以及养护后温度对性能的影响等方面，环境温度对拌合与压实的影响研究甚少。在工程实践中，我们经常发现在夏季高温施工的乳化沥青冷再生工程路段，由于气温高，水分蒸发快，因此，强度形成也快，相应取芯时间会比气温较低的其他季节短一些。但这种经验性认识不利于正确合理地指导乳化沥青冷再生混合料的施工质量控制。因此，本节通过室内试验，模拟现场拌合成型温度，研究环境温度对乳化沥青冷再生混合料性能的影响。

5.4.1 试验方案

采用乳化沥青 E_A，在乳化沥青用量 4.0% 和新料用量 10%（合成级配组成如表 4.4 所示）以及最佳拌合用水量 3.6% 条件下进行试验，拌合成型温度为 5℃、25℃、45℃ 三种，分别模拟乳化沥青冷再生混合料在低温、常温以及高温条件下的施工效果。

拌合与压实工艺：首先将配置好的集料（包括 RAP、新集料及水泥）、乳化沥青、拌合用水和试验模具等分别在 3 种温度（5℃、25℃、45℃）条件下的恒温箱中保温不少于 6h；然后拌合混合料，在相应的恒温箱中放置 2h 后快速将混合料装入试模中，旋转压实 50 次成型试件；成型后的试件在 3 种空气浴中脱模养护 24h，然后放入 40℃ 鼓风烘箱中养护 72h，试件养护结束后进行其他试验。

5.4.2 对体积参数的影响分析

测试 3 种温度条件下试件毛体积密度和空隙率，结果如表 5.8 和图 5.14 所示。

成型温度对体积参数的影响　　　　　　　　　　　　　　　　　表 5.8

成型温度（℃）	毛体积密度（g/cm³）	空隙率（%）
5	2.161	13.1
25	2.181	12.3
45	2.221	10.7

由图 5.14 可以看出，随着成型温度增加，试件毛体积密度显著增大，空隙率显著减小。温度从 5℃ 增加到 25℃，毛体积密实度增加了 7%，空隙率降低了 6.1%，而温度从 25℃ 增加到 45℃，毛体积密实度增加了 7%，空隙率则减小了 13%，说明较高成型温度显著改善了乳化沥青冷再生混合料密实度。因为在较高温度条件下，乳化沥青流动性提高，更容易在集料中分散均匀，对集料的裹覆效果更好；而且较高温度下乳化沥青黏度变

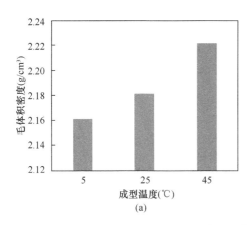
(a)

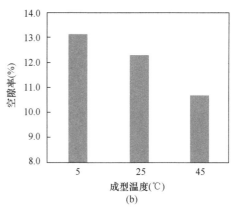
(b)

图 5.14 成型温度对体积参数的影响

小，对集料润滑作用增强，更利于集料在压实过程中内部移动，改善压实性能，因此，乳化沥青冷再生工程应尽量选择在温度较高的季节施工，特别是在气温高于 25℃时施工，可显著提高冷再生结构层的压实度，降低其空隙率，提高材料的性能。

5.4.3 对强度的影响分析

选择 40℃马歇尔稳定度、流值评价不同温度下（5℃、25℃、45℃）拌合成型的乳化沥青冷再生混合料试件强度，结果如表 5.9 和图 5.15 所示。

成型温度对马歇尔稳定度、流值的影响   表 5.9

成型温度（℃）	马歇尔稳定度（kN）	流值（mm）
5	7.95	3.46
25	8.79	2.72
45	12.86	2.42

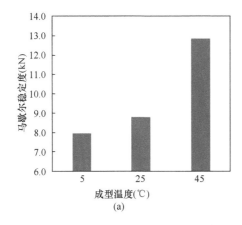
(a)

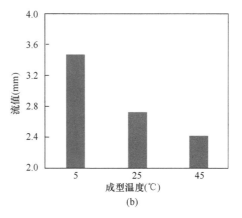
(b)

图 5.15 成型温度对马歇尔稳定度、流值的影响

由图 5.15 可以看出，随着拌合成型温度增加，试件马歇尔稳定度增大，流值减小。

温度从 5℃增加到 25℃，试件稳定度增加了 10.6%，流值减小了 21.3%；而温度从 25℃增加到 45℃，试件稳定度增加了 46.3%，流值减小了 11.0%，说明拌合成型温度能显著改善冷再生混合料的强度。因为在较高温度下，乳化沥青与细集料形成胶浆黏度较小，对集料裹覆更加均匀；RAP 中旧沥青出现软化现象，容易与新沥青融合而发挥一定的粘结作用，并有利于进一步压实。

5.4.4 对水稳定性的影响分析

测试 3 种温度条件下拌合成型试件的干、湿劈裂强度，并计算干湿劈裂强度比（ITSR），结果如表 5.10 所示。

成型温度对劈裂强度的影响 表 5.10

成型温度（℃）	干劈裂强度（MPa）	湿劈裂轻度（MPa）	ITSR（%）
5	5.90	4.35	73.7%
25	6.80	6.12	90.0%
45	7.30	6.92	94.8%

由表 5.10 可以看出，随着拌合成型温度增加，试件干、湿劈裂强度以及干湿劈裂强度比（ITSR）明显增大，尤其是温度从 5℃增加到 25℃时。当温度为 5℃时，干、湿劈裂强度及干湿劈裂强度比（ITSR）较低，显然不符合混合料的技术要求；当成型温度为 25℃时，干、湿劈裂强度及干湿劈裂强度比（ITSR）显著增加，相比 5℃时其指标分别增加了 15%、41%、22%，可见在此温度下拌合成型的混合料水稳性得到明显改善。当成型温度达到 45℃时，干、湿劈裂强度及干湿劈裂强度比（ITSR）相比 5℃时分别增加了 7%、13%、5%。由于新旧沥青在较高温度下拌合时黏度降低，裹覆集料能力增强，裹覆集料的均匀度增加，更多的结构沥青增强了混合料的抗拉性能，且压实后的混合料具有更高的密实度，因此能有效提高再生混合料的强度及水稳性。

综上所述，拌合成型温度升高能显著增加乳化沥青冷再生混合料密实度，且提高强度和水稳定性能。因此，乳化沥青冷再生工程实施应尽量选择在气温较高的时间段施工，特别是在气温高于 25℃时施工，可明显改善乳化沥青冷再生混合料的路用性能。

5.5 最佳乳化沥青用量确定方法研究

5.5.1 基于抗剪性能的再生混合料设计方法

一些地质材料比如土壤和岩石等剪切强度通常由摩尔库伦理论确定，该理论包含材料的内聚力 c 和内摩擦角 φ 两个参数。一般情况下材料的剪切参数主要通过室内三轴试验来确定。摩尔库伦理论不仅广泛用于土壤剪切强度的计算，也适用于胶结稳定土和粒料基层计算，但三轴试验设备昂贵而且需要耗费大量时间制备样品并测试，不适合常规试验或现场测试。无侧限抗压强度试验是三轴压缩试验中周围压力 $\sigma_3 = 0$ 的一种特殊情况。根据弹

性力学平面理论，对圆形试件进行劈裂试验时，
如图 5.16 所示，试件中心处压应力的大小是拉
应力大小的 3 倍。因此，可以采用一种简单的方
法，通过劈裂强度试验（indirect diametrical ten-
sile，IDT）和无侧限抗压强度试验（unconfined
compressive strength，UCS）计算混合料的内聚
力和内摩擦角。

摩尔库伦理论一般通过图形来表示，在持续
增长的围压作用，绘制一系列表征破坏初始状态
下应力状态的莫尔圆，代表破坏的包络线，这种
方法通过间接拉伸试验和无侧限抗压强度试验可
以确定胶凝材料的内聚力与内摩擦角，图 5.17
显示了在间接拉伸试验和无侧限抗压强度试验条
件下样品破坏的应力莫尔圆。

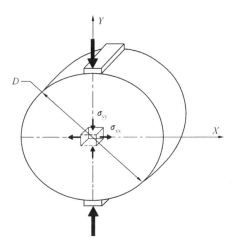

图 5.16　间接拉伸试验示意图

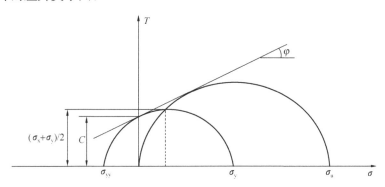

图 5.17　基于间接拉伸试验和无侧限抗压强度试验条件下样品破坏的应力莫尔圆

主应力：

$$P = \frac{\sigma_1 + \sigma_3}{2} = \frac{\sigma_{y-IDT} + \sigma_{x-IDT}}{2} = \frac{3\sigma_{x-IDT} - \sigma_{x-IDT}}{2} = \sigma_{x-IDT} = \sigma_{IDT} \qquad (5.2)$$

同样的，最大剪应力为：

$$q = \frac{\sigma_1 - \sigma_3}{2} = \frac{\sigma_{y-IDT} - \sigma_{x-IDT}}{2} = \frac{3\sigma_{x-IDT} + \sigma_{x-IDT}}{2} = 2\sigma_{x-IDT} = 2\sigma_{IDT} \qquad (5.3)$$

因此，q 为两倍的间接拉伸强度，σ_u 为试件直径与高度为 1：1 下无侧限抗压强度，并
与间接拉伸强度试件的密度相同。

$$\frac{\sigma_u}{2} = \left(\frac{\sigma_u}{2} + c \cdot \cot\varphi\right)\sin\varphi \qquad (5.4)$$

$$\frac{\sigma_x + \sigma_y}{2} = (\sigma_x + c \cdot \cot\varphi)\sin\varphi \qquad (5.5)$$

由式（5.5）得出：

$$c \cdot \cot\varphi = \frac{\sigma_u}{2}\left(\frac{1}{\sin\varphi} - 1\right) \qquad (5.6)$$

由式（5.6）得出：

$$c \cdot \cot\varphi = \sigma_{IDT}\left(\frac{2}{\sin\varphi} - 1\right) \tag{5.7}$$

由式 (5.7)、式 (5.8) 得出：

$$\sin\varphi = \alpha = \left(\frac{\sigma_u - 4\sigma_{IDT}}{\sigma_u - 2\sigma_{IDT}}\right) \tag{5.8}$$

即：

$$\varphi = \sin^{-1}\alpha \tag{5.9}$$

$$c = \frac{\sigma_u \times (1-\alpha)}{2 \times \cos\varphi} \tag{5.10}$$

式 (5.2) ～式 (5.10) 中　c——内聚力 (MPa)；

φ——内摩擦角 (°)；

σ_u——试件直径与高度为1：1下无侧限抗压强度 (MPa)；

σ_{IDT}——间接拉伸强度 (MPa)；

σ_1——第一主应力 (MPa)；

σ_3——第三主应力 (MPa)；

σ_x，σ_y——x，y方向的间接拉伸强度 (MPa)。

5.5.2 最佳乳化沥青用量确定

1. SGC 成型方法

分别在乳化沥青用量为3.0%、3.5%、4.0%、4.5%、5.0%条件下拌制冷再生混合料，拌合用水量根据最佳含水量法计算，旋转压实50次成型试件，共成型5组试件，每组8个试件。试件成型后直接脱模，先在自然环境下养护24h，然后在40℃鼓风烘箱中继续养护72h。试验结果如表5.11、图5.18所示。

		SGC 成型方法性能指标				表5.11
油石比（%）	VV（%）	UCS（MPa）	ITS（MPa）	c（MPa）	φ（°）	TSR（%）
3.0	11.1	3.616	0.61	1.06	29.39	65
3.5	10.6	4.615	0.74	1.28	31.86	70
4.0	9.8	4.258	0.81	1.42	22.70	76
4.5	9.3	4.208	0.90	1.63	14.63	78
5.0	9.0	3.537	0.82	1.54	7.79	79

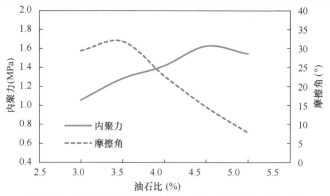

图 5.18　不同油石比下试件的内聚力和内摩擦角的变化

按式（5.9）、式（5.10）分别计算乳化沥青冷再生混合料的内聚力和内摩擦角，根据计算结果绘制图 5.18 可知，分析图 5.18 可知，随着乳化沥青用量从 3.0%～5.0% 变化时，内聚力与内摩擦角都存在极值，当乳化沥青用量在 4.5% 时，内聚力最大为 1.63MPa；当乳化沥青用量为 3.5% 时，内摩擦角最大为 31.86°。

空隙率范围一般为 8%～12%，设计空隙率范围宜控制在 10%±1%。对于最佳乳化沥青用量的确定，按基于无侧限抗压强度与间接拉伸强度计算得出的内聚力与内摩擦角最大值对应的沥青用量 a_1，a_2 以及目标空隙率对应的沥青用量 a_3，取平均值：OAC = (a_1 + a_2 + a_3)/3，确定最佳乳化沥青用量为 4.0%。

2. 马歇尔成型方法

分别在乳化沥青用量为 3.0、3.5%、4.0%、4.5%、5.0% 条件下拌制冷再生混合料，根据《公路沥青路面再生技术规范》JTG/T 5521—2019 中乳化沥青冷再生混合料设计程序及要求成型试件，共成型 5 组试件，每组 8 个试件。试验结果如表 5.12、图 5.19 所示。

马歇尔成型方法下的性能指标 表 5.12

乳化沥青用量 （%）	空隙率 （%）	干劈裂强度 （MPa）	湿劈裂强度 （MPa）	干湿劈裂强度比 （%）
3.0	12.7	0.59	0.51	86
3.5	12.2	0.62	0.55	89
4.0	12.1	0.7	0.66	94
4.5	11.8	0.72	0.65	90
5.0	11.7	0.67	0.63	94

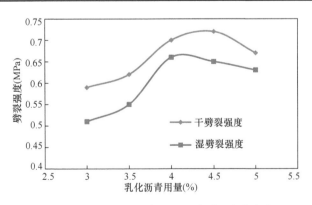

图 5.19   不同乳化沥青用量下劈裂强度的变化

由图 5.19 可知，当乳化沥青用量为 4.2% 时湿劈裂强度最大，对比 SGC 成型试验方法与修正的马歇尔方法发现，SGC 确定的最佳油石比偏小，但相差不大；外加水用量减少，密实度增加，空隙率降低。

5.5.3 性能验证

1. 高温稳定性

乳化沥青冷再生混合料是一种黏弹性材料,性能受温度与荷载显著影响。路面服役期间,若冷再生混合料高温稳定性不足,路面则容易出现车辙。试验时,在最佳乳化沥青用量和最佳拌合用水量下拌制混合料,试件按照《公路工程沥青及沥青混合料试验规程》JTG E20—2011 中 T0703 轮碾法成型车辙试验板,尺寸为 300mm×300mm×100mm,成型后自然养护 24h,然后在 40℃烘箱中加速养护 72h,养护结束后进行 60℃车辙试验,以动稳定度 DS 评价冷再生混合料高温抗车辙能力。

2. 水稳定性

冻融劈裂试验用来评价冷再生混合料的抗水损害能力。按照既定的成型方法,在最佳乳化沥青用量下成型 8 个试件,将试件分两组,一组放室温保存,另一组真空状态下饱水后取出,将试件放入约 10mL 水的塑料袋后扎紧,放入-18℃恒温冰箱保持约 16h,然后放入 60±5℃恒温水槽中 24h,最后将两组放置于温度 25±0.5℃恒温水槽中 2h 以上,进行劈裂试验。

3. 低温抗裂性

低温弯曲破坏试验是国内外较常用的沥青混合料低温抗裂性能评价方法。采用试验温度为-10℃,加载速率为 50mm/min,试件按照《公路工程沥青及沥青混合料试验规程》JTG E20—2011 中 T0703 轮碾法成型 100mm 厚冷再生混合料车辙试验板,切割成长 250±2.0mm、宽 30±2.0mm、高 35±2.0mm 的棱柱体小梁,其跨径为 200±0.5mm。

4. 早期性能评价

在最佳乳化沥青用量 4.0% 下成型试件,采用 2h 和易性试验和 3d 内聚力试验评价冷再生混合料的早期性能,具体试验方法见第 4 章。

各性能验证的试验结果如表 5.13 所示,均满足《公路沥青路面再生技术规范》JTG/T 5521—2019 的技术要求。

冷再生混合料性能验证试验结果 表 5.13

动稳定度 (次/mm)	冻融劈裂 强度比(%)	破坏应变 (με)	和易性 (N·m)	内聚力 (g/cm²)	裹覆面积 (%)
3053	75.8	1560	19.4	213.4	90

5.6 设计程序及指标优化

乳化沥青配方必须进行项目级设计,其主要内容包括乳化剂类型的选择,复配及定量、最佳含水量的确定。接下来进行再生混合料组成设计,根据第一步选定的乳化剂配方以及确定的最佳含水量后,按照设计空隙率,内聚力及内摩擦角指标初步确定最佳乳化沥青用量及矿料级配组成,最后根据再生混合料使用的结构层位进行高温、低温及水稳性能的验证,若性能达不到预期要求,进行乳化沥青配方和矿料级配的调整,具体设计流程如图 5.20 所示。

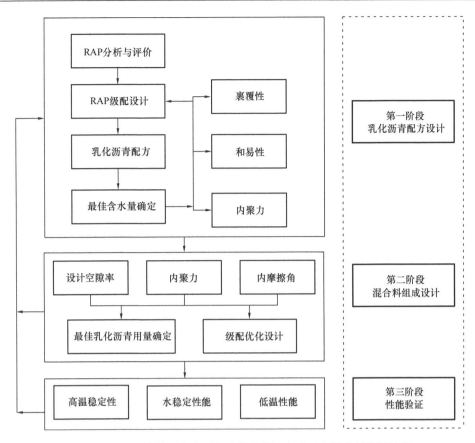

图 5.20　基于旋转压实成型方法的乳化沥青冷再生混合料设计流程

参照国内外研究成果，结合第 4 章研究的内容，确定乳化沥青冷再生混合料 SGC 设计指标及要求如表 5.14 所示。

SGC 设计指标及要求　　　　　　　　　　　　表 5.14

再生混合料性能		指标	单位	指标范围
SGC 压实次数		初始压实次数	次	10
		设计压实次数	次	50
		最大压实次数	次	75
乳化沥青配方初步设计	裹覆性	裹覆面积	%	≥75
	和易性	2h 扭矩	N·m	≤20
	黏聚性	3d 内聚力	g/cm²	≥163
冷再生混合料组成设计	体积指标	VV	%	8~12
	抗剪性能	C	MPa	≥1.2
	内摩擦角	φ	°	≥22°
性能验证	高温性能	车辙动稳定度	次/mm	≥2000
	水稳定性能	冻融劈裂 TSR	%	≥70
	低温性能	破坏应变	με	≥1500

说明：目标空隙率宜控制在 10%±1%。

5.7 小结

本章针对乳化沥青冷再生混合料旋转压实成型基本参数、成型温度、最佳用水量以及最佳乳化沥青用量等方面开展深入研究，小结如下：

（1）根据乳化沥青冷再生混合料的旋转压实特性，将压实分为初始压实、设计压实以及极限压实三个阶段；确定 SGC 初始压实次数 N_{ini} 为 10 次，设计压实次数 N_{des} 为 50 次，最大压实次数 N_{max} 为 75 次。提出了基于旋转压实成型的最佳含水量确定方法；提高拌合成型温度能明显提高乳化沥青冷再生混合料强度和水稳定性能，当气温高于 25℃时尤为明显。

（2）推导了通过间接拉伸试验和无侧限抗压强度试验确定内聚力与内摩擦角的理论公式，提出了基于抗剪性能的最佳乳化沥青用量确定方法与设计流程，完善优化了基于旋转压实成型的乳化沥青冷再生混合料设计方法及指标。

本 章 参 考 文 献

[1] 廖卫东，陈拴发，李祖仲. 改性沥青混合料应力吸收层材料特性与结构行为[M]. 北京：科学出版社，2010.

[2] 贾瑜，曹荣吉，李本京. 高性能沥青路面基础参考手册[M]. 北京：人民交通出版社，2005.

[3] 李秀君，拾方志，田原. 施工气温对泡沫沥青冷再生混合料性能的影响[J]. 建筑材料学报，2013，16(2)：289-293.

[4] 中华人民共和国交通运输部. 公路沥青路面再生技术规范[S]：JTG/T 5521—2019. 北京：人民交通出版社，2019.

[5] Gao L, Ni F J, Cha R Mot S, et al. Influence on compaction of cold recycled mixes with emulsions using the superpave gyratory compaction[J]. Journal of Materials in Civil Engineering, 2014，26 (11)：1-8.

[6] L. Wendling, V. Gaudefroy, J. Gaschet, S. Ollier & S. Gallier. Evaluation of the compactability of bituminous emulsion mixes：experimental device and methodology[J]. International Journal of Pavement Engineering, 2016，17(1)，71-80.

第6章 乳化沥青冷再生混合料性能优化研究

路用性能是道路技术研究的出发点和落脚点，无论是热拌沥青混合料还是乳化沥青冷再生混合料，都必须要具有良好的路用性能。随着我国公路养护时代的来临，乳化沥青冷再生技术需求旺盛，在高等级公路中应用的层位越来越高，因此对其混合料的使用性能的也提出了更高的要求，如何改善并提高乳化沥青冷再生混合料的耐久性、强度以及稳定性显得十分必要而又紧迫，本章采用再生剂、玄武岩纤维、SBR 胶乳与布敦岩沥青 4 种技术手段对混合料性能改善系统研究，以期对乳化沥青冷再生混合料应用提供一些参考。

6.1 改性材料与试验方案

再生剂（Rejuvenation Agent，RA）为热再生常用材料，技术指标如表 6.1 所示，这种再生剂常温下黏度较大，若按推荐用量直接添加，难以均匀分散，为提高再生剂的分散和渗透效果，按 1：2 的比例与自制的有机溶剂进行混合，均匀地喷洒在旧料表面，添加比例按旧料中旧沥青含量的 4%、8%、12%（纯再生剂的用量）。乳化沥青冷再生混合料拌合时，先将旧料与称量好的再生剂加入拌合机中拌合约 10～15s，然后加入水泥干拌8～10s，使其材料均匀分散，再加水拌合 30～40s，以均匀润湿集料，最后加入乳化沥青拌合 30s，形成具有良好和易性的浆体。

再生剂技术指标　　　　　　　　　　　　　　　　　　表 6.1

测试项目	再生剂	试验方法[①]
60℃黏度（Pa·s）	2.3	T0619—2011
闪点（℃）	≥230	T0633—1993
饱和分含量（%）	25	T0618—1993
芳香分含量（%）	75	T0618—1993
薄膜烘箱试验前后黏度比	2.1	T0619—2011
薄膜烘箱试验前后质量变化（%）	1.6	T0609—2011

①试验方法是指《公路工程沥青及沥青混合料试验规程》JTG E20—2011 中沥青试验方法。

玄武岩纤维（Basalt Fiber，BF）是天然玄武岩矿石在 1450～1500℃高温下融化成岩浆，通过拉丝漏板快速拉制而成，高温稳定性好，耐化学腐蚀性强，抗水损性、抗疲劳，力学性能较其他纤维有明显优势。本书采用短切玄武岩纤维，由河南金石路桥技术开发有限公司提供，外观为金褐色，纤维形态如图 6.1 所示，技术指标如表 6.2 所示，设计掺量为冷再生混合料的 3.5‰。拌合时先将旧料、水泥与称量好的玄武岩纤维加入拌合机中干拌约 15～25s，使其材料均匀分散，再加水拌合 30～40s，以均匀润湿集料，最后加入乳化沥青拌合 30s，形成具有良好和易性的浆体。

玄武岩纤维技术指标 表6.2

指标	纤维参数	指标	纤维参数
纤维原料	100%纯天然玄武岩	断裂伸长率（%）	3.1
形状	规则集束状短切	抗拉强度（MPa）	3000～4840
密度（g/cm³）	2.463	弹性模量（GPa）	90～100
直径（μm）	15	吸油率（%）	70
长度（mm）	6	熔点（℃）	1450～1500
含水率（%）	0.5	使用温度（℃）	−269～650

布敦岩沥青（Buton Rock Asphalt，简称 BRA）由高黏度纯沥青（Rock Asphalt，简称 RA）与高活性矿物质（Buton Rock，简称 BR）组成，矿物质颗粒粒径很细，吸附沥青能力较强，其改性沥青混合料具有良好的高温稳定性、低温抗裂性，抗老化性与疲劳性能。本书所用布敦岩沥青由河南宏远盛发道路材料科技有限公司提供，设计掺量为冷再生混合料的 3.5‰，试验用品如图 6.2 所示，其粒径组成如表 6.3 所示，技术指标如表 6.4 所示。拌合时先将旧料、水泥与称量好的布敦岩沥青加入拌合机中干拌约 15～25s，使其材料均匀分散，再加水拌合 30～40s，以均匀润湿集料，最后加入乳化沥青拌合 30s，形成具有良好和易性的浆体。

图6.1 本书所用玄武岩纤维形态

图6.2 本书用布敦岩沥青

布敦岩沥青粒径组成 表6.3

粒径（mm）	2.36	1.18	0.6	0.3	0.15	0.075
通过率（%）	100	86	60	27	7.9	1.6

布敦岩沥青技术指标 表6.4

测试项目	测试结果	试验方法
颜色	黑褐色	目测
形状/规格	颗粒	目测
沥青含量（%）	25	T0735—2011[①]

续表

测试项目	测试结果	试验方法
岩沥青灰分（％）	75	T0614—2011[①]
密度（25℃）（g/cm³）	1.71	T0603—2011[①]
含水率（％）	≤1	T0332—2011[①]
闪点（℃）	≥230	T0611—2011[①]

[①]试验方法是指《公路工程沥青及沥青混合料试验规程》JTG E20—2011中沥青试验方法。

共设计 7 组乳化沥青冷再生混合料开展研究，矿料级配相同（表 4.4），乳化沥青选用 E_A，具体方案如表 6.5 所示，RAP 为某高速公路沥青面层铣刨材料，沥青含量为 4.9％，回收沥青技术指标、RAP 抽提前后的级配组成详见第 4 章。

试验方案 表 6.5

对比组		技术手段 1			技术手段 2	技术手段 3	技术手段 4
方案 1	方案 2	方案 3	方案 4	方案 5	方案 6	方案 7
基本组（未改性）	混合料中掺再生剂 4％（RA-4％）	混合料中掺再生剂 8％（RA-8％）	混合料中掺再生剂 12％（RA-12％）	混合料中掺玄武岩纤维 3‰（BF-3‰）	乳化沥青中直接掺胶乳 3％（SBR-3％）	混合料中掺布敦岩沥青 3.5‰（BRA-3.5‰）

6.2 内聚力增强试验研究

内聚力大小是表征乳化沥青冷再生混合料强度形成的重要指标，也是乳化沥青冷再生工程进行下一道施工工序的关键。在乳化沥青用量 4.0％、新料用量 10％（合成级配组成如表 4.4 所示）以及拌合用水量 3.6％条件下，根据 Hevven 试验方法，考察再生剂 RA 及其用量、布敦岩沥青、玄武岩纤维及 SBR 胶乳改性 4 种不同技术手段对混合料内聚力增强的影响，其结果如图 6.3 所示。

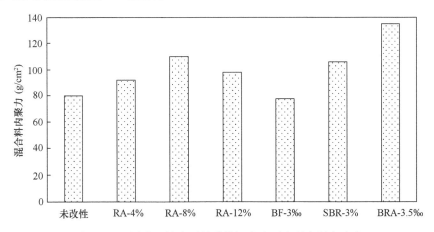

图 6.3 不同增强技术下的乳化沥青冷再生混合料内聚力

分析图 6.3 可知：

（1）岩沥青、SBR、再生剂的加入对混合料的内聚力都有明显的改善作用，而玄武岩纤维的加入稍微降低了混合料的早期内聚力，其中改善效果最显著的是混合料中掺加布敦岩沥青。

（2）掺加 3.5‰的布敦岩沥青后，乳化沥青冷再生混合料内聚力提升了 68%；掺加 3.0%SBR 胶乳后，乳化沥青冷再生混合料内聚力提升了 33%；掺加 3‰的玄武岩纤维后，乳化沥青冷再生混合料内聚力降低了 2%，可能与纤维的分散性或界面的改变有关。

（3）与未添加再生剂的乳化沥青冷再生混合料内聚力相比，添加不同用量的再生剂后混合料内聚力都有不同程度的提高，当掺量为 4%、8%、12%时，冷再生混合料内聚力分别提升 15%、38%、23%，从添加不同再生剂用量对提升内聚力效果来看，存在一个最佳的再生剂用量，因此，并非再生剂用量添加越多越好；与一般改性 SBR 改性乳化沥青冷再生混合料相比，仅有添加 8%再生剂的混合料内聚力提升。

6.3 水稳性能试验研究

6.3.1 试验方法

由于沥青路面长期暴露的周围环境中，早期损害现象引起了大家广泛关注，其中水损害是首要的、危害最大的病害之一。沥青路面出现水损害原因众多，其主要原因是由矿料与沥青的性质决定的，矿料属亲水性材料，而沥青属憎水性材料，因此路面水损害的发生主要由两方面引起：一是由于沥青结合料与集料表面间粘结力的降低；二是由于沥青自身内聚力（黏性）的降低。乳化沥青混合料粘结损害机理与热拌沥青混合料路面类似，借鉴热拌沥青混合料水损害试验方法，结合《公路沥青路面再生技术规范》JTG/T 5521—2019 的要求，采用浸水劈裂试验与冻融后劈裂强度试验对乳化沥青冷再生混合料抗水损害性能进行评价。

6.3.2 结果与分析

按照既定试验方案，对 7 种不同的乳化沥青冷再生混合料的水稳性能进行测试，测试结果如表 6.6 所示。

乳化沥青冷再生混合料水稳定性能测试结果　　　　　　表 6.6

	试验项目	未改性	RA-4%	RA-8%	RA-12%	BF	SBR	BRA
劈裂试验	15℃干劈强度（MPa）	0.65	0.84	0.92	0.79	0.46	0.65	0.75
	浸水劈裂强度（MPa）	0.6	0.82	0.89	0.76	0.43	0.61	0.76
	干湿劈强度比（%）	92.3	97.6	96.7	96.2	93.5	93.8	101.3
冻融试验	25℃干劈强度（MPa）	0.45	0.53	0.57	0.52	0.37	0.46	0.51
	冻融后强度值（MPa）	0.34	0.42	0.47	0.47	0.28	0.36	0.42
	冻融残留强度比（%）	75.8	79.2	82.5	90.4	75.7	77.5	82.4

从表 6.6，图 6.4～图 6.6 可以看出：

（1）分析 7 种乳化沥青冷再生混合料干劈裂强度时发现：除玄武岩纤维改性方式外，

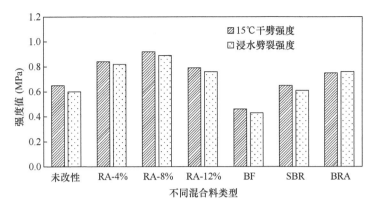

图 6.4　不同类型再生混合料干湿劈裂强度

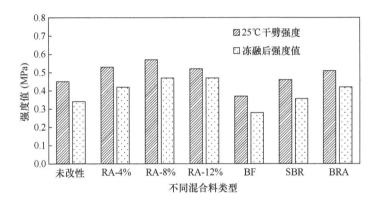

图 6.5　不同类型再生混合料冻融劈裂强度

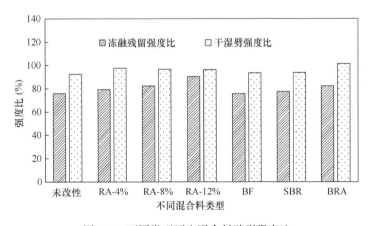

图 6.6　不同类型再生混合料劈裂强度比

其余 5 种改性方式，15℃与 25℃干劈裂强度各有提升且增长趋势一致；当添加再生剂为 4%、8%、12% 时，15℃干劈裂强度分别增加 29%、42%、22%，25℃干劈裂强度分别增加 18%、27%、16%；采用 SBR 胶乳方式改性时，15℃干劈裂强度不变，25℃干劈裂强度增加 2%；岩沥青改性时，15℃干劈裂强度提升 15%，25℃干劈裂强度增加 13%；其中提升较明显的是再生剂与岩沥青改性方式，且从再生不同掺量再生剂的 15℃与 25℃

劈裂强度分析来看，存在一个最佳用量。

（2）分析 7 种乳化沥青冷再生混合料 15℃浸水劈裂强度时发现，当再生剂掺量为4%、8%、12%时，15℃浸水劈裂强度分别增加 37%、48%、27%，其中再生剂掺量为8%时 15℃浸水劈裂强度最大；采用玄武岩纤维改性时，15℃浸水劈裂强度降低 28%；采用 SBR 胶乳方式改性时，15℃浸水劈裂强度增加 2%；岩沥青改性时，15℃浸水劈裂强度提升 27%。分析 7 种乳化沥青冷再生混合料冻融后的劈裂强度发现：当再生剂掺量为4%、8%、12%时，冻融后劈裂强度分别增加 23%、38%、38%；采用玄武岩纤维改性时，冻融后劈裂强度降低 18%；采用 SBR 胶乳方式改性时，冻融后劈裂强度增加 5%；岩沥青改性时，冻融后劈裂强度提升 23%。

（3）对比未改性的乳化沥青冷再生混合料干湿劈裂强度比，干湿劈裂强度比提升较明显的是岩沥青和再生剂改性方式，其次是 SBR 改性；对于冻融残留比而言，其规律与干湿劈裂强度比基本一致，冻融强度残留比改善明显的是再生剂改性与岩沥青改性。7 种不同的乳化沥青冷再生混合料干湿劈裂强度比与冻融劈裂强度比都能满足《公路沥青路面再生技术规范》JTG/T 5521—2019 要求，具有良好的水稳性能。

总体而言，干湿劈裂试验与冻融试验所表现的规律基本一致，抗水损害性能提升较明显的是再生剂与岩沥青改性方式，且再生剂的添加存在一个最佳的再生剂用量，玄武岩纤维改性方式使乳化沥青冷再生混合料冻融残留强度比略有降低。7 种不同的乳化沥青冷再生混合料干湿劈裂强度比与冻融劈裂强度比都能满足《公路沥青路面再生技术规范》JTG/T 5521—2019 要求，具有良好的水稳性能。原因分析如下：

再生剂的主要作用是降低老化沥青的黏度，软化过硬的旧沥青混合料，在旋转压实作用下进一步均匀分散，提高沥青材料黏附性；另外部分再生剂渗入 RAP，充分与旧沥青组分融合，改善沥青流变特性，并使得冷再生混合料更易压实，降低空隙率，提高强度，但并非越多越好，存在一个最佳掺量。对于玄武岩纤维改性方式，一定程度上反而降低了冷再生混合料的干湿劈裂强度，分析其中原因，主要是：首先是玄武岩纤维比表面积较大，且表面粗糙，降低了和易性，从而增加了压实的难度；另一方面，玄武岩纤维具有良好的亲水性，当玄武岩纤维投入冷再生混合物后，随即分散成极细的絮状纤维丝，包裹这些絮状纤维丝需要大量浆体，难以确保旧料的裹覆效果。再者，玄武岩纤维难以分散均匀，拌合时容易成团，与乳化沥青相容性较差，也可能削弱乳化沥青与旧沥青或集料间的界面。添加胶乳后混合料强度略有提升，但改性效果不明显，分析其中原因，可能是SBR 通常以"胶粒"的形式分散在沥青中，沥青是连续相，SBR 是分散相，SBR 和沥青的共混让沥青表现出具有相对较好的粘弹性质，提高了高弹态沥青的黏度，原子力微观分析也表明 SBR 的加入提高了沥青的黏力。BRA 岩沥青对水稳定性有明显改善，一方面由于岩沥青是经过亿万年的海底沉淀形成的一种天然沥青，与旧沥青相容性有天然优势；另一方面岩沥青中有石灰岩矿物质，不仅粒度细，而且吸油能力非常好，可以提高沥青与集料间的黏附性，同时包含的一部分矿物成分能很好地填充乳化沥青混合料的空隙，整体提升冷再生混合料的干湿劈裂强度；再者，在天然岩沥青中氮元素以官能团形式存在，具有很强的浸润性和对自由氧化基的高抵抗性，说明对集料的黏附性及抗剥离性有明显改善。

6.4　低温性能试验研究

6.4.1　试验方法

1. 评价方法及试验参数

采用半圆弯曲（Semi Circle Bending，SCB）试验方法评价乳化沥青冷再生混合料的低温性能，试验装置如图 6.7 所示。

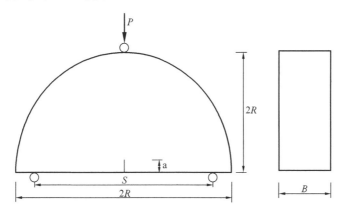

图 6.7　半圆弯曲试验装置

旋转压实 50 次成型直径 150mm，高 105±5mm 的试件，脱模后先放在自然环境中养护 24h，再放入 40℃ 鼓风烘箱中加速养护不少于 72h，为了保证沥青混合料的均匀性，采用直径为 100mm 的钻心取样机，钻取直径为 100mm，高为 100mm 的圆柱体试件，然后从高度中点位置将试件切割成上下对称的两个圆柱体试件，然后分别沿直径方向切割成两个高度 25mm，直径 100mm 的半圆试件，并对每个半圆试件直径边中点向半圆方向切割一条深度为 15±2.5mm、宽度 2.5±1mm 的直缝，采用加载速率为 5mm/min；两支座距离 80mm，试验温度为 -10℃；试验设备为 IPC UTM-25，SCB 试验相关过程如图 6.8 所示。

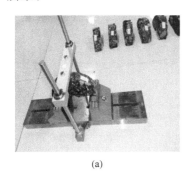

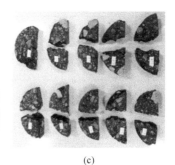

(a)　　　　　　　　　　　　(b)　　　　　　　　　　　　(c)

图 6.8　SCB 试验相关过程

2. SCB 试件抗弯拉强度及应变计算

（1）试件底部拉应力值计算

根据 Fcuad bayomy 等人在试件底部支点距离为试件直径的 0.8 倍时，按公式（6.1）计算：

$$\sigma_t = \frac{4.888F}{DB} \tag{6.1}$$

式中　σ_t——试件底部拉应力值（MPa）；

　　　　B——试件厚度（mm）；

　　　　D——试件直径（mm）；

　　　　F——竖直方向荷载（N）。

（2）试件底部拉应变计算

$$\varepsilon = \frac{6sD}{1.14 D^2 (5.578 \frac{s}{D} - 1.3697)} = \frac{1.36d}{D} \tag{6.2}$$

式中　ε——试件底部中心处的应变；

　　　　d——试件底部中心处的扰度（mm）；

　　　　D——试件直径（mm）；

　　　　s——两个托轮间距离 0.8D（mm）。

（3）断裂能密度计算

$$\frac{dw}{dv} = \int_0^{\varepsilon_0} \sigma d\varepsilon \tag{6.3}$$

式中　$\frac{dw}{dv}$——断裂能密度（kPa）；

　　　　ε_0——应力应变曲线中，应力的峰值点所对应的应变值。

6.4.2　结果与分析

按照上述既定的低温性能试验方案及 SCB 试验设定的参数，对 7 组不同类型的乳化沥青冷再生混合料进行 SCB 试验，其试验结果如表 6.7 及图 6.9、图 6.10 所示。

乳化沥青冷再生混合料 SCB 试验结果　　　表 6.7

混合料类型	厚 B (mm)	直径 D (mm)	扰度 d (mm)	荷载 F (kN)	抗弯拉应力 (MPa)	能量密度 (kPa)
未改性	24.51	99.10	1.256	0.596	1.200	0.0207
RA-4%	24.60	99.45	1.219	1.367	2.731	0.0455
RA-8%	25.45	99.75	1.205	1.894	3.646	0.0599
RA-12%	24.96	99.48	1.596	1.673	3.294	0.0719
BF	25.54	99.98	1.045	0.530	1.015	0.0144
SBR	25.21	99.44	1.123	0.745	1.453	0.0223
BRA	25.38	99.15	1.012	0.747	1.451	0.0201

从表 6.7、图 6.9、图 6.10 可以看出：

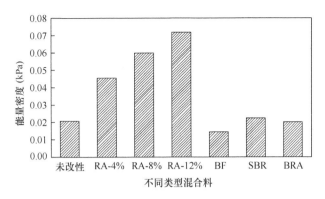

图 6.9　不同类型冷再生混合料能量密度

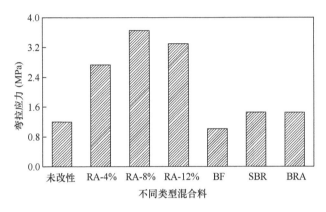

图 6.10　不同类型冷再生混合料弯拉应力

（1）6 种改性方式中除玄武岩纤维改性方式混合料弯拉应力略有降低外，其余 5 种改性方式，弯拉应力有不同程度提升，且增加的基本趋势一致。当混合料中添加再生剂为 4%、8%、12% 时，弯拉应力分别增加 128%、204%、175%；采用 SBR 胶乳方式改性时，弯拉应力增加 21%；岩沥青改性时，弯拉应力增加 21%；其中提升最明显的是再生剂改性方式，其次是 SBR 改性与岩沥青改性方式，且从不同掺量再生剂的弯拉应力分析来看，存在一个最佳的再生剂用量。

（2）分析断裂能密度计算结果发现：当再生剂掺量为 4%、8%、12% 时，断裂能密度分别增加 120%、189%、248%；采用玄武岩纤维改性时，断裂能密度降低 31%；采用 SBR 胶乳方式改性时，断裂能密度增加 7%；岩沥青改性时，断裂能密度降低 3%。

（3）对比弯拉应力与断裂能密度结果，发现 6 种不同的改性方式表现的规律并完全不一致，对于弯拉应力而言，除玄武岩纤维改性外，其他 5 种混合料的弯拉应力有不同程度增加；对于断裂能密度而言，不同掺量的再生剂与 SBR 改性对其有提升，且随着再生剂用量的增加，冷再生混合料断裂能密度增加。岩沥青改性与普通乳化沥青冷再生混合料断裂能密度基本相当；玄武岩纤维改性冷再生混合料断裂能密度有明显降低。这是由于沥青和 SBR 共混结构中，低温状态下的沥青和 SBR 属于"硬包软"的状态，此时 SBR 属于软弹状态，而沥青则属于刚性较硬状态，SBR 的加入让沥青在低温下的变形能力增强，因此，掺加胶乳后混合料低温性能得到明显的改善；再生剂与旧沥青组分充分融合，软化部分旧沥青，从而改善旧沥青的流变性能，提升冷再生混合料的低温拉伸性能。

6.5 高温性能试验研究

6.5.1 试验方法

乳化沥青冷再生混合料高温稳定性评价采用车辙试验。在最佳乳化沥青用量和最佳拌合用水量下拌制混合料，试件按照《公路工程沥青及沥青混合料试验规程》JTG E20—2011 中 T0703—2011 轮碾法成型冷再生混合料车辙试验板，试件尺寸为 300mm×300mm×100mm。试件成型后先自然养护 24h，然后在 40℃烘箱中加速养护 72h。试件养护结束后，进行 60℃车辙试验，以动稳定度 DS 为冷再生混合料的高温抗车辙能力评价指标。车辙试验及试件成型如图 6.11 所示。

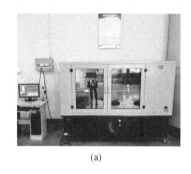
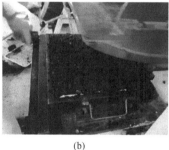

(a)   (b)   (c)

图 6.11 车辙试验及试件成型

6.5.2 结果与分析

按照既定试验方案，对 7 种不同的乳化沥青冷再生混合料的水稳性能进行测试，测试结果如表 6.8、图 6.12 所示。

乳化沥青冷再生混合料车辙试验结果						表 6.8
混合料类型	普通	RA-4%	RA-8%	RA-12%	BF	SBR	BRA
动稳定度（次/mm）	3053	2687	2133	1475	2723	3622	3222

分析图 6.12 可知：相比普通乳化沥青冷再生混合料动稳定度，SBR 改性乳化沥青冷再生混合料动稳定度增加 19%，添加布敦岩沥青冷再生混合料动稳定度增加 6%，而添加玄武岩纤维冷再生混合料动稳定度下降 11%。由于在高弹态温度范围，沥青属于相对较软的状态，SBR 属于相对较硬的状态，SBR 与沥青共混改善了沥青粘弹性质，提高了高弹态沥青黏度，从而提高了沥青高温稳定性，第 3 章中流变特性分析表明 SBR 添加提升了乳化沥青残留物高温性能。岩沥青由许多大分子、极性、多环分子结构的碳氢化合物及其非金属元素衍生物构成，这种独特聚合体结构不仅能够在一定程度明显提高黏附性，而且具有良好的高温稳定性。而玄武岩纤维表面粗糙，拌合时相对摩擦力较大，压实的难度增加，难以分散均匀，拌合时容易成团，且在混合料中未真正形成纤维加筋的作用，因

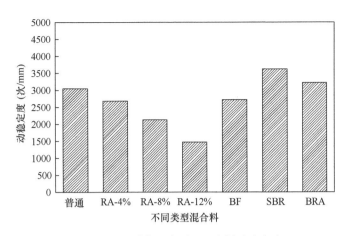

图 6.12　不同类型冷再生混合料动稳定度

此，在一定程度上降低了冷再生混合料的高温稳定性。

当冷再生混合料中添加再生剂 4％、8％、12％时，动稳定度分别下降 12％、30％、52％，掺量越大，冷再生混合料动稳定度降低越多。虽然旧料中沥青因长期老化而变硬，但是再生剂会渗入至 RAP 中，并与旧沥青的化学组分充分融合，改善沥青的流变特性，并使旧沥青明显软化，再生剂用量越多，旧沥青软化越明显。

6.6　动态模量试验研究

6.6.1　试验方法

采用动态模量评价乳化沥青冷再生混合料力学特性与动态响应特征。采用正弦波加载，进行不同温度、不同频率下混合料单轴压缩动态模量试验，试验参数如表 6.9 所示，试验设备采用 IPC UTM-25，如图 6.13 所示。

乳化沥青冷再生混合料单轴压缩动态模量试验参数　　　　表 6.9

试验参数	参数设置情况
试件成型方法	SGC 成型
试件尺寸要求	直径 100mm，高 150mm
目标空隙率	10％±1％
加载波形设置	正弦波
加载频率设置	0.1Hz、0.5Hz、1Hz，5Hz、10Hz、25Hz
试验温度设置	−10℃、0℃、10℃、15℃、20℃

6.6.2　结果与分析

1. 温度与荷载频率的影响

普通乳化沥青冷再生混合料的动态模量试验结果如表 6.10 所示，绘制动态模量试验结果曲线图 6.14 可知，普通乳化沥青冷再生混合料动态模量随荷载频率升高而缓慢增加，

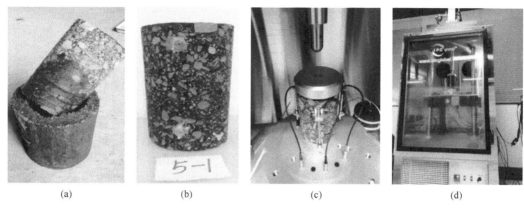

图 6.13 动态模量试验设备

随温度升高有较大幅度减小；相位角随荷载频率升高逐渐减小，随温度升高而逐渐增大；表明乳化沥青冷再生混合料黏弹性性质与普通热拌沥青混合料一致。

普通乳化沥青冷再生混合料动态模量试验结果   表 6.10

荷载频率 (Hz)	动态模量（MPa）					相位角（°）				
	−10℃	0℃	10℃	15℃	20℃	−10℃	0℃	10℃	15℃	20℃
25	8006	6678	4685	4180	3090	3.47	3.86	7.45	9.72	11.93
10	7826	6272	4220	3786	2692	4.06	4.47	9.66	11.41	13.73
5	7788	5917	3956	3536	2416	5.89	7.02	9.28	11.41	14.51
1	7383	5290	3342	2912	1835	7.99	8.58	12.06	13.42	17.97
0.5	7244	4988	3043	2607	1600	9.01	9.39	12.49	13.86	18.33
0.1	6454	4231	2412	1993	1104	9.76	10.32	15.22	17.54	22.11

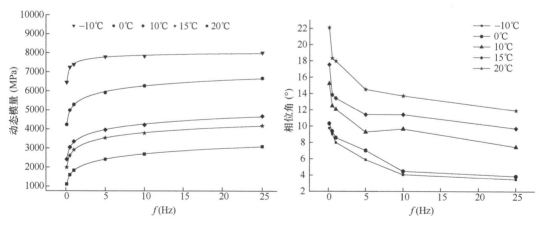

图 6.14 普通乳化沥青冷再生混合料动态模量试验结果曲线图

2. 再生剂对乳化沥青冷再生混合料动态模量的影响

采用同一级配、同一水泥用量对再生剂掺量为 4%、8%、12% 的乳化沥青冷再生混合料进行动态模量试验，试验结果如表 6.11 所示，动态模量曲线图如图 6.15～图 6.17 所示。

掺再生剂的乳化沥青冷再生混合料动态模量试验结果　　　　　表 6.11

再生剂掺量	荷载频率（Hz）	动态模量（MPa）					相位角（°）				
		−10℃	0℃	10℃	15℃	20℃	−10℃	0℃	10℃	15℃	20℃
4%	25	8910	7752	5730	4949	3881	4.04	9.53	10.7	11.53	15.1
	10	9130	7284	5213	4444	3194	4.77	10.54	11.88	12.28	15.11
	5	9162	6881	4821	4037	2940	5.44	12.08	13.27	13.27	17.18
	1	8818	5823	3867	3220	2099	6.58	13.75	14.73	15.73	21.62
	0.5	8450	5462	3496	2845	1780	7.1	14.97	15.22	15.92	22.05
	0.1	7711	4495	2643	2039	1118	8.11	16.87	19.07	19.89	25.04
8%	25	10244.7	8315	5830	5183	3675	4.08	4.63	11.2	12.34	14.81
	10	9998	7606	5236	4598	3276	5.9	7.05	10.87	12.24	16.01
	5	9890	7106	4729	4141	2673	7.17	10.27	13.15	14.2	17.87
	1	9421	6069	3731	3219	1851	8.94	12.31	17.02	17.98	22.77
	0.5	9151	5686	3319	2785	1548	10.31	12.43	17.7	18.8	23.08
	0.1	8152	4599	2395	1919	975	11.05	14.51	20.94	22.34	25.88
12%	25	5866	4704	3231	2892	—	7.89	9.39	14.07	15.33	—
	10	5586	4336	2842	2432	—	8.17	11.07	15.7	16.48	—
	5	5395	3982	2481	2087	—	8.66	12.69	17.53	18.54	—
	1	4654	3239	1746	1433	—	8.83	14.37	20.88	21.99	—
	0.5	4354	2889	1482	1201	—	9.05	14.67	21.38	22.46	—
	0.1	3648	2177	955	760	—	10.06	17.5	23.62	24.84	—

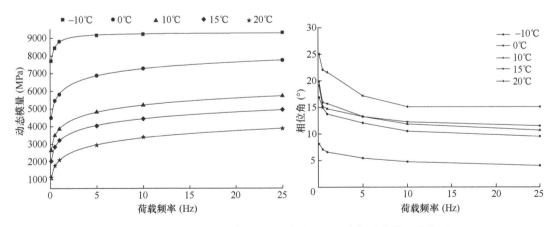

图 6.15　再生剂掺量 4% 的乳化沥青冷再生混合料动态模量曲线图

图 6.18 为同一荷载频率下 A-70 与三种再生剂掺量下乳化沥青冷再生混合料动态模量、相位角随温度变化趋势图，由图 6.18 可知，在相同温度条件下再生剂掺量为 8% 的冷再生混合料的动态模量最大，且掺量为 4%、8% 时冷再生混合料动态模量均大于普通乳化沥青冷再生混合料，掺量为 12% 时冷再生混合料的动态模量小于普通乳化沥青冷再生混合料，因为过少的再生剂恢复旧沥青性能有限，而过多的再生剂会增加整个冷再生混

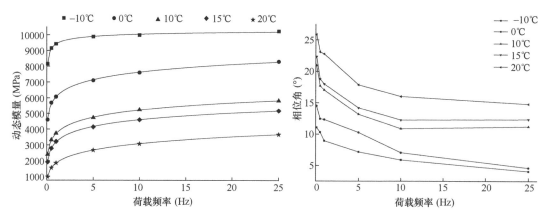

图 6.16　再生剂掺量 8％的乳化沥青冷再生混合料动态模量曲线图

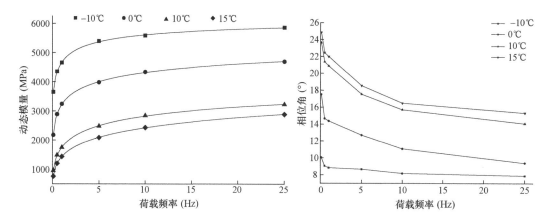

图 6.17　再生剂掺量 12％的乳化沥青冷再生混合料动态模量曲线图

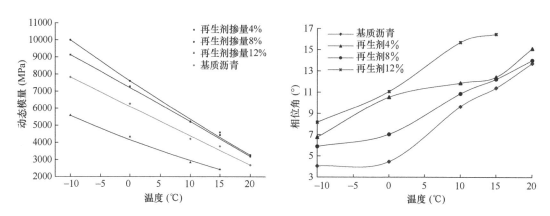

图 6.18　10Hz 下 4 类乳化沥青冷再生混合料动态模量试验结果对比

合料的流动性，降低乳化沥青冷再生混合料强度。

　　同样由图 6.18 可知，在相同温度条件下，掺加再生剂的乳化沥青冷再生混合料相位角均比普通乳化沥青冷再生混合料的大，且掺量为 12％时最大，掺量 4％次之，掺量 8％的相位角略大于普通沥青，这说明加入再生剂均在一定程度上激活了原来旧料中的沥青，改善了旧沥青的流变特性，提高了相位角，相位角越大，说明冷再生混合料的黏性越高。

综合动态模量与相位角的试验结果可知，再生剂掺量并非越多越好，而是存在一个最佳的掺量使得乳化沥青冷再生混合料的动态模量值最大、相位角值较佳，就所选样品及再生剂而言，再生剂8%的掺量为最佳掺量，可使乳化沥青冷再生混合料的动态模量最大。

3. 其他添加剂对乳化沥青冷再生混合料动态模量的影响

选用BF、SBR、BRA三种技术手段，采用同一级配、同一水泥用量，分别对添加BF、SBR、BRA的乳化沥青冷再生混合料进行动态模量试验，试验结果如表6.12所示，动态模量曲线图如图6.19～图6.21所示。

掺再生剂的乳化沥青冷再生混合料动态模量试验结果　　　　表6.12

混合料类型	频率	温度					
		−10℃	0℃	10℃	15℃	20℃	30℃
纤维3‰	25	4493	3879	3718	2767	1917	—
	10	4477	3572	3385	2475	1692	—
	5	4455	3320	3105	2278	1512	—
	1	4191	2723	2551	1773	1105	—
	0.5	4027	2457	2335	1576	956	—
	0.1	3488	2007	1794	1167	642	—
胶乳3%	25	5923	4516	3631	3638	2598	—
	10	6078	4281	3433	3357	2321	—
	5	6012	4103	3143	3138	2057	—
	1	5754	3680	2562	2565	1535	—
	0.5	5592	3466	2297	2304	1322	—
	0.1	5135	2957	1788	1756	912	—
岩沥青3.5‰	25	7036	4897	4425	3962	2974	2100
	10	7008	4557	4136	3640	2673	1870
	5	6899	4296	3873	3404	2383	1494
	1	6618	3693	3334	2861	1763	941
	0.5	6419	3438	3112	2579	1587	813
	0.1	5871	2869	2475	2034	1137	540

图6.22为同一荷载频率下A-70与掺加3种不同添加剂的乳化沥青冷再生混合料动态模量随温度变化趋势图，可以看出除掺加BRA的乳化沥青冷再生混合料在温度大于20℃时的动态模量值逐渐大于普通乳化沥青冷再生混合料外，温度小于20℃时以及掺加胶乳、纤维的乳化沥青冷再生混合料的动态模量均小于普通乳化沥青冷再生混合料。

4. 动态模量主曲线确定及分析

根据时温等效原理，利用Sig-moidal函数拟合不同温度下动态模量，将不同温度下的动态模量平移形成主曲线，得到各个温度下的时间-温度转化因子，如表6.13所示。

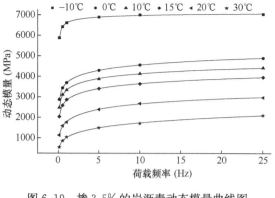

图 6.19 掺 3.5‰的岩沥青动态模量曲线图

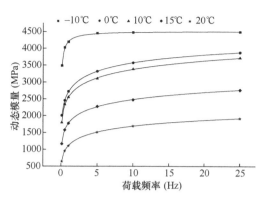

图 6.20 掺 3‰的纤维动态模量曲线图

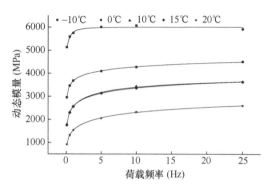

图 6.21 掺 3%的胶乳动态模量曲线图

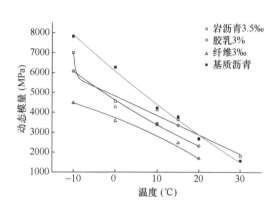

图 6.22 10Hz 下各类冷再生混合料的动态模量对比图

7 类不同乳化沥青冷再生混合料时温移位因子计算结果 表 6.13

混合料类型	试验温度					
	−10℃	0℃	10℃	15℃	20℃	30℃
A-70	4.6532	2.4624	0.4771	0	−1.1871	—
再生剂 4%	4.3979	2.0414	0.5563	0	−0.8861	—
再生剂 8%	4.3118	2.0000	0.3979	0	−1.0458	—
再生剂 12%	3.0969	1.7404	0.3617	0	—	—
纤维 3‰	3.1761	1.3010	1.0792	0	−1.1367	—
胶乳 3%	4.4624	1.4771	0.0212	0	−1.3010	—
岩沥青 3.5‰	4.4472	1.0792	0.5441	0	−1.3010	−2.3468

选定 15℃为参考温度，7 类不同乳化沥青冷再生混合料的动态模量主曲线如图 6.23、图 6.24 所示，除掺 4% 再生剂、3% 胶乳的混合料动态模量在 −10℃ 时有些分散且下滑外，7 类不同混合料的动态模量主曲线拟合度均较好，呈扁平状 S 形曲线，这反映了动态模量与荷载频率的相关性，乳化沥青冷再生混合料的动态模量随着荷载频率增加而逐渐增大，依据动态模量主曲线可以确定乳化沥青冷再生混合料在较高或较低荷载作用频率下的

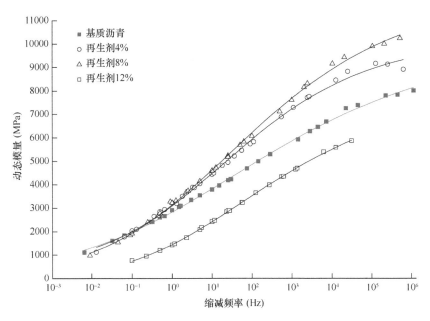

图 6.23   A-70 与掺再生剂乳化沥青冷再生混合料动态模量主曲线

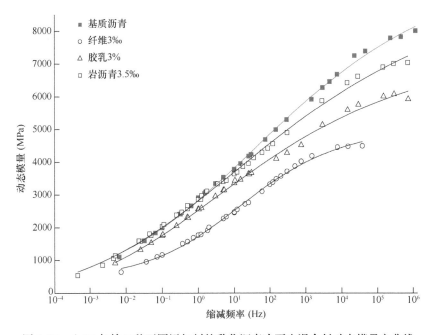

图 6.24   A-70 与掺 3 种不同添加剂的乳化沥青冷再生混合料动态模量主曲线

力学特性。此外，随着温度升高，7 类乳化沥青冷再生混合料动态模量主曲线均出现逐渐平缓的趋势，因为在低温状态下乳化沥青冷再生混合料主要表现为弹性，而在高温条件下混合料黏性更为显著。

由图 6.23 可知：再生剂掺量 4％、8％时乳化沥青冷再生混合料动态模量均大于 A-70，且掺量为 8％时最大，而再生剂掺量为 12％时乳化沥青冷再生混合料的动态模量小于

A-70，这也间接证明了再生剂掺量8%为最佳掺量；由图6.24可知：分别添加BF、SBR及BRA的三种乳化沥青冷再生混合料动态模量在整体趋势上均小于A-70，但在温度大于20℃时，添加BRA的乳化沥青冷再生混合料动态模量略大于A-70（与前述6.6.2中3.分析结果一致），而且添加BF与SBR改性的混合料主曲线在低频区域（高温）与普通乳化沥青冷再生混合料靠近甚至超过的趋势，也再次说明了较高温度对乳化沥青冷再生混合料体系性能的影响。

6.7 疲劳性能试验研究

6.7.1 试验方法

SHRPA-003-A"沥青混合料疲劳响应"对各种疲劳试验的优缺点进行了综合对比，其中综合评价最高的是重复弯曲试验、直接拉伸试验以及间接拉伸试验。考虑到试验装置的处理难易程度和试验对路面实际受力状态的模拟效果，选用间接拉伸试验，试验参数如表6.14所示，疲劳试验设备采用IPC UTM-25，如图6.25所示。

乳化沥青冷再生混合料疲劳试验参数　　　　　　　　　　　　　　表6.14

试验参数	参数设置情况
试件成型方法	SGC成型50次
试件尺寸大小	直径100mm，高63.5±1.3mm
加载频率设置	10Hz
采用加载波形	半正矢波形
采用加载方式	应力控制模式
应力水平大小	0.2MPa、0.3MPa、0.4MPa、0.5MPa
试验温度设置	15℃

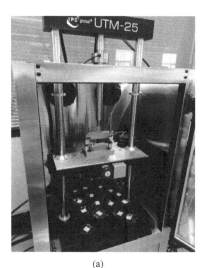
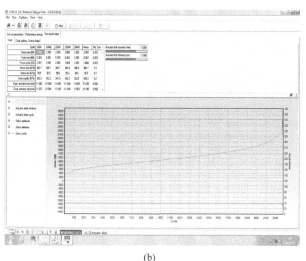

(a)　　　　　　　　　　　　　　　　　　　　(b)

图6.25　疲劳试验设备及测试界面

122

6.7.2　结果与分析

1. 试验结果及疲劳方程

为疲劳试验提供加载依据，在试验前应测试混合料劈裂强度，试验结果如表 6.6 所示，参考冷再生混合料的最大破坏应力 P，以 0.2MPa、0.3MPa、0.4MPa、0.5MPa 4 个应力分别作为加载应力进行疲劳试验，部分试件如图 6.26 所示，疲劳试验结果如表 6.15 所示。

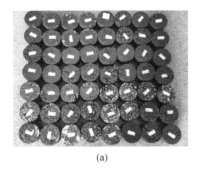　　

| (a) | (b) | (c) |

图 6.26　乳化沥青冷再生部分疲劳试验试件

疲劳试验结果　　　　　　　　表 6.15

试件类型	应力水平(MPa)	应力对数 lg(σ)	疲劳寿命 N(次)	对数疲劳寿命 lg(N)
普通型	0.2	−0.699	36523	4.563
	0.3	−0.523	6226	3.794
	0.4	−0.398	2414	3.383
	0.5	−0.301	1086	3.036
RA-4	0.2	−0.699	50999	4.708
	0.3	−0.523	21541	4.333
	0.4	−0.398	7784	3.891
	0.5	−0.301	2086	3.319
RA-8	0.2	−0.699	79521	4.900
	0.3	−0.523	26776	4.428
	0.4	−0.398	11214	4.050
	0.5	−0.301	2176	3.338
RA-12	0.2	−0.699	99881	4.999
	0.3	−0.523	38841	4.589
	0.4	−0.398	12893	4.110
	0.5	−0.301	4024	3.605
BF	0.2	−1.000	112771	5.052
	0.3	−0.699	30661	4.487
	0.4	−0.523	3614	3.558
	0.5	−0.398	551	2.741

试件类型	应力水平(MPa)	应力对数 lg(σ)	疲劳寿命 N(次)	对数疲劳寿命 lg(N)
SBR	0.2	−0.699	38241	4.583
	0.3	−0.523	7461	3.873
	0.4	−0.398	3181	3.503
	0.5	−0.301	1248	3.096
BRA	0.2	−0.699	91239	4.960
	0.3	−0.523	22801	4.358
	0.4	−0.398	4368	3.640
	0.5	−0.301	1161	3.065

大量研究表明：试件在同一应力水平下的对数疲劳寿命呈正态分布，疲劳寿命与应力在双对数坐标上呈线性关系，应力控制模式下沥青混合料疲劳寿命-应力关系可用经典疲劳方程表示，见式（6.4）：

$$N = k(1/\sigma)^n \tag{6.4}$$

将应力水平与疲劳寿命在双对数坐标下拟合，见式（6.5）：

$$\lg(N) = k - n \cdot \lg(\sigma) \tag{6.5}$$

式中　lg(N)——对数疲劳寿命；

　　　σ——施加应力水平最大幅值；

　　　k、n——直线截距和斜率。k 表示疲劳曲线位置高低，k 越大，则疲劳曲线的位置高，混合料抗疲劳性能好；n 决定疲劳曲线陡缓，n 越大说明应力变化对疲劳寿命影响越大。

表 6.15 给出了各材料疲劳试验数据，将加载应力及疲劳寿命取对数后进行拟合，拟得到各材料的间接拉伸疲劳曲线如图 6.27、图 6.28 所示，疲劳方程及其系数如表 6.16 所示。

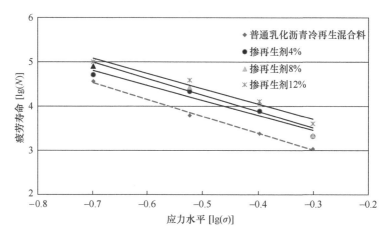

图 6.27　再生剂及其掺量下乳化沥青冷再生混合料的疲劳曲线

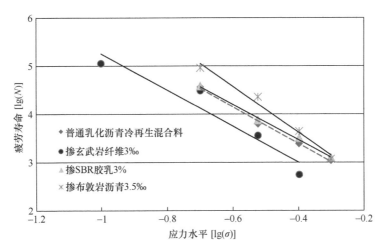

图 6.28　不同乳化沥青冷再生混合料类型的疲劳曲线

不同材料的疲劳寿命拟合的疲劳方程参数　　　　表 6.16

材料类型	疲劳方程	k	n	R^2
普通乳化沥青冷再生混合料	$N = 1.8618 \, (1/\sigma)^{3.815}$	1.8618	3.815	0.9956
RA-4%＋乳化沥青冷再生混合料	$N = 2.4364 \, (1/\sigma)^{3.387}$	2.4364	3.387	0.9484
RA-8%＋乳化沥青冷再生混合料	$N = 2.3903 \, (1/\sigma)^{3.7248}$	2.3903	3.7248	0.94
RA-12%＋乳化沥青冷再生混合料	$N = 2.6689 \, (1/\sigma)^{3.4507}$	2.6689	3.4507	0.9675
BF-3‰＋乳化沥青冷再生混合料	$N = 1.5049 \, (1/\sigma)^{3.7478}$	1.5049	3.7478	0.9214
SBR-3%＋乳化沥青冷再生混合料	$N = 2.0018 \, (1/\sigma)^{3.6687}$	2.0018	3.6687	0.9964
BRA-3.5‰＋乳化沥青冷再生混合料	$N = 1.7147 \, (1/\sigma)^{4.7711}$	1.7147	4.7711	0.9814

从图 6.27、图 6.28 及表 6.16 可以看出：各材料疲劳寿命均随着加载应力增加而降低，添加再生剂的乳化沥青冷再生混合料疲劳寿命无论是在低应力区还是在高应力区都高于其他 6 种材料，这说明添加再生剂能显著改善疲劳寿命。添加不同掺量的再生剂后疲劳曲线的 n 值降低，k 值增大，说明再生剂加入能降低应力的敏感性，增加抗疲劳能力，主要是因为在冷再生混合料中加入再生剂后能恢复旧料中的部分沥青性能，增加黏聚性。

添加 SBR 胶乳及布敦岩沥青的乳化沥青冷再生混合料，在 4 种应力作用下的疲劳寿命都高于普通乳化沥青冷再生混合料，其中添加 SBR 胶乳的疲劳曲线 n 值变小，k 值增大，说明 SBR 胶乳降低了应力敏感性，提高了抗疲劳能力；添加布敦岩沥青的疲劳曲线 n 值增大，k 值减小，表明其疲劳寿命受应力影响较大，随着应力增大，差别逐渐显现出来，在 0.5MPa 时，与普通乳化沥青冷再生混合料基本相当。因为岩沥青中沥青并未真正发挥作用，没有与 RAP 中旧沥青有效融合，可能是岩沥青中灰分发挥了矿物填料的作用。玄武岩纤维的加入降低了疲劳寿命，分析其中原因，可能是由于玄武岩在常温拌合下难以分散，尤其在乳化沥青冷再生混合料体系中，加入纤维后难以有效融合，可能存在于新老沥青的界面，降低了黏聚性。

2. 双参数 Weibull 分布检验

（1）双参数 Weibull 函数

Weibull 函数是瑞典威布尔（Weibull）提出的一种概率密度函数，具有广泛适用性，不仅可描述初始强度非正态分布时破坏寿命，而且包含了接近正态分布在内的大量分布。

Weibull 概率密度函数 $f(n)$、累积分布函数和 $P_f(n)$ 表示为：

$$f(n) = \frac{a}{u-n_0} \left(\frac{n-n_0}{u-n_0}\right)^{a-1} \exp\left[-\left(\frac{n-n_0}{u-n_0}\right)^a\right] \tag{6.6}$$

$$P_f(n) = 1 - \exp\left[-\left(\frac{n-n_0}{u-n_0}\right)^a\right] \tag{6.7}$$

式中　n——随机变量 N 的特征值；

　　　a——形状参数或在应力 σ 下的 Weibull 斜率；

　　　u——尺度参数；

　　　n_0——位置参数或应力 σ（MPa）下的最小寿命（次数）。

设最小寿命 n_0 为 0，则失效概率 $P_f(n)$ 可表示为：

$$P_f(n) = 1 - \exp\left[-\left(\frac{n}{u}\right)^a\right] \tag{6.8}$$

式（6.8）称为双参数 Weibull 函数。

（2）参数估算

Weibull 函数中需要确定两个未知参数，以建立失效概率和疲劳寿命之间对应关系。为验证疲劳寿命是否满足双参数 Weibull 分布，对式（6.8）取对数可得：

$$\ln\ln\frac{1}{1-P_f(n)} = a\ln(n) - a\ln(u) \tag{6.9}$$

式（6.9）可以验证试验数据是否服从双参数 Weibull 分布的假定。

设 $Y = \ln\ln\dfrac{1}{1-P_f(n)}$，$X = \ln(n)$，$\beta = a\ln(u)$，则得出：

$$Y = aX - \beta \tag{6.10}$$

若试验结构的回归分析表明 $\ln\ln\dfrac{1}{1-P_f(n)}$ 和 $\ln(n)$ 间呈良好线性关系，则服从双参数 Weibull 分布假设成立，否则假设不成立。

（3）Weibull 分析

将每个应力水平的同一组试件的疲劳寿命按照从小到大的顺序排列，限于篇幅，选取普通乳化沥青冷再生混合料进行验证，分别在 0.2MPa、0.3MPa、0.4MPa、0.5MPa 4个应力水平按式（6.10）计算 X 和 Y，其中失效概率 $P_f(n)$ 用式（6.11）计算：

$$P_f(n) = \frac{i}{1+k} \tag{6.11}$$

式中，i 为试件在该组的序号，取 $i=1$，2，3，……，k，k 为该组试件的总数。

计算结果如表 6.17 所示，$\ln\ln\dfrac{1}{1-P_f(n)}$ 和 $\ln(n)$ 之间的曲线关系如图 6.29 所示。

疲劳寿命 N 的 Weibull 分布检验　　　表 6.17

应力水平（MPa）	$P_f(n)$	N	$\ln(N)$	$\ln\ln\dfrac{1}{1-P_f(n)}$
0.2	1/5	34265	10.442	−1.500
	2/5	35989	10.491	−0.672
	3/5	37252	10.525	−0.087
	4/5	38583	10.561	0.476
0.3	1/5	4900	8.497	−1.500
	2/5	5212	8.559	−0.672
	3/5	6656	8.803	−0.087
	4/5	8135	9.004	0.476
0.4	1/5	1664	7.417	−1.500
	2/5	2279	7.731	−0.672
	3/5	2692	7.898	−0.087
	4/5	3021	8.013	0.476
0.5	1/5	852	6.748	−1.500
	2/5	1051	6.957	−0.672
	3/5	1173	7.067	−0.087
	4/5	1269	7.146	0.476

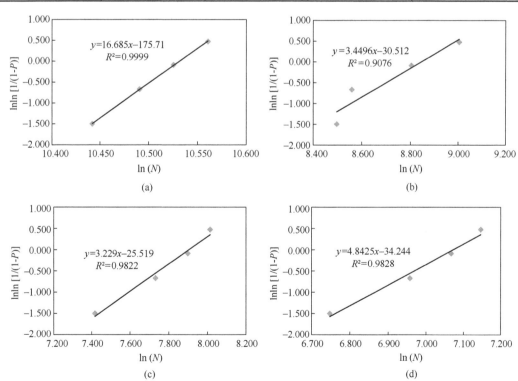

图 6.29　不同应力比下的疲劳寿命-失效概率曲线

(a) 0.2MPa；(b) 0.3MPa；(c) 0.4MPa；(d) 0.5MPa

回归不同应力比的乳化沥青冷再生混合料疲劳寿命-失效概率曲线进行，得到式（6.10）的回归系数 a、β 和 R^2，如表6.18所示。

疲劳寿命-失效概率的回归系数 　　　　　　　表6.18

应力水平（MPa）	回归系数 a	回归系数 β	回归系数 R^2
0.2	16.685	175.71	0.999
0.3	3.4496	30.512	0.907
0.4	3.229	25.519	0.982
0.5	4.8425	34.244	0.982

由表6.18可知：疲劳寿命－失效概率曲线回归方程相关系数 R^2 均大于0.9，说明 $\ln(N)$ 和 $\ln\ln\dfrac{1}{1-P_f(n)}$ 之间具有良好线性关系，表明了该混合料疲劳寿命满足双参数 Weibull 函数分布。

通过以上分析，普通乳化沥青冷再生混合料疲劳寿命符合双参数 Weibull 概率密度函数的分布，从而建立失效概率和疲劳寿命间对应关系，并由此计算不同失效概率的疲劳寿命。由式（6.8）可得：

$$n = \exp\left[\frac{\ln\ln\dfrac{1}{1-P_f(n)} + a\ln(u)}{a}\right] \tag{6.12}$$

因此，当确定失效概率时可根据式（6.12）计算一定应力水平下对应的疲劳寿命。表6.19为不同失效概率各个应力水平对应的疲劳寿命。

不同失效概率各个应力水平对应的疲劳寿命 　　　　表6.19

$P_f(n)$	应力水平			
	0.2	0.3	0.4	0.5
0.1	34570	4707	1787	893
0.2	35252	5173	1977	955
0.3	35685	5488	2105	997
0.4	36020	5742	2210	1029
0.5	36307	5967	2302	1058

由表6.19可知：失效概率越小，即保证率越大，同一应力水平时疲劳寿命越小，同理，在相等疲劳寿命时应力水平随失效概率变小而降低。根据不同失效概率的疲劳寿命，按经典疲劳方程式（6.4）进行回归，得到不同失效概率时疲劳方程的回归系数及疲劳方程，如表6.20所示。由表6.20可知，不同失效概率时疲劳方程的相关系数都非常高，同时也说明式（6.4）的回归模型比较理想。

不同失效概率下疲劳方程 　　　　　　　表6.20

$P_f(n)$	疲劳方程	k	n	R^2
0.1	$N = 1.687(1/\sigma)^{3.991}$	1.687	3.991	0.98
0.2	$N = 1.746(1/\sigma)^{3.931}$	1.746	3.931	0.99

$P_f(n)$	疲劳方程	k	n	R^2
0.3	$N = 1.783(1/\sigma)^{3.894}$	1.783	3.894	0.99
0.4	$N = 1.812(1/\sigma)^{3.866}$	1.812	3.866	0.99
0.5	$N = 1.836(1/\sigma)^{3.842}$	1.836	3.842	0.99

6.8　技术性能综合评价

6.8.1　灰靶理论

灰靶理论（Grey Target Theory）由邓聚龙提出，根据命题信息域 $\psi(\theta)$ 要求，找出最靠近子命题 $\psi_i(\theta)$ 目标值的标准模式，标准模式即为灰靶靶心，模式识别实质上是识别模式趋近靶心的程度，即靶心度，靶心度越大，该模式与目标模式越接近，方案越优，反之则方案越差。其具体步骤如下：

（1）灰模式组成

令 ω_i 为多极性指标序列，ψ 为 ω_i 的命题，则：

$$\begin{cases} \omega_i = (\omega_i(1), \omega_i(2), \cdots\cdots, \omega_i(n)) \\ \forall \omega_i(k) \in \omega_i \Rightarrow k \in K = \{1, 2, \cdots\cdots, n\} \end{cases} \tag{6.13}$$

$i \in I = \{1, 2, \cdots\cdots, m\}$，$k$ 代表 k 指标。

（2）标准模式构造

令 ω_i 为模式，$\omega(k)$ 为指标序列，则：

$$\begin{cases} \omega_i = (\omega_i(1), \omega_i(2), \cdots\cdots, \omega_i(n)) \\ \omega(k) = (\omega_1(k), \omega_2(k), \cdots\cdots, \omega_m(k)) \end{cases} \tag{6.14}$$

令 $POL(\max)$，$POL(\min)$，$POL(\mathrm{mem})$ 分别代表极大值性、极小值极性、适中值极性，则当 $POL\omega(k) = POL(\max)$，取：

$$\omega_0(k) = \max_i \omega_i(k), \omega_i(k) \in \omega(k) \tag{6.15}$$

当 $POL\omega(k) = POL(\min)$，取：

$$\omega_0(k) = \min_i \omega_i(k), \omega_i(k) \in \omega(k) \tag{6.16}$$

当 $POL\omega(k) = POL(\mathrm{mem})$，取：

$$\omega_0(k) = u_0(指定值), \omega_i(k) \in \omega(k) \tag{6.17}$$

则称序列 $\omega_0 = (\omega_0(1), \omega_0(2), \cdots\cdots, \omega_0(n))$ 为标准模式。

（3）灰靶变换

令 T 为变换，若有：

$$T\omega_0 = x_0 \tag{6.18}$$

$$x_0 = (x_0(1), x_0(2), \cdots\cdots, x_0(n)) = (1, 1, \cdots\cdots, 1)$$

则：

$$T\omega_i(k) = x_i(k) \tag{6.19}$$

且满足 $\omega_i(k) = \omega_0(k)$，则 $x_i(k) = 1$；

$|\omega_0(k) - \omega_i(k)|$ 越小，$x_i(k)$ 越趋近于 1；

$|\omega_0(k)-\omega_i(k)|$ 越大，$x_i(k)$ 越远离于 1。

则称 T 为灰靶变换，x_0 为标准靶心。

令 T 为变换，若 $T\omega_i(k)=\dfrac{\min\{\omega_i(k),\omega_0(k)\}}{\max\{\omega_i(k),\omega_0(k)\}}$，则 T 为灰靶变换。

（4）确定灰色差异关联空间

令 @$_{GRE}$ 灰色关联因子集 @$_{GRE}=\{x_i|i\in I,x_i=T\omega_i,\omega_i\in$ @$_{GRE}$，T 为灰靶变换$\}$。

令 Δ_{GR} 为 @$_{GRE}$ 上灰色关联差异信息空间，则

$$\Delta_{GR}=(\Delta,\xi,\Delta_{0i}(\max),\Delta_{0i}(\min)) \tag{6.20}$$

$$\Delta=\{\Delta_{0i}(k)|i\in I=\{1,2,\cdots\cdots,m\},k\in K=\{1,2,\cdots\cdots,n\}\}$$

$$\Delta_{0i}(k)=|x_0(k)-x_i(k)|=|1-x_i(k)|,$$

$$x_0(k)\in x_0\Rightarrow x_0=T\omega_0,\xi=0.5$$

$$\Delta_{0i}(\max)=\max_i\max_k\Delta_{0i}(k)=\max_i\max_k|1-x_i(k)|$$

$$\Delta_{0i}(\min)=\min_i\min_k\Delta_{0i}(k)=\min_i\min_k|1-x_i(k)|$$

（5）靶心系数

$$\gamma(x_0(k),x_i(k))=\frac{\min_i\min_k\Delta_{0i}(k)+0.5\max_i\max_k\Delta_{0i}(k)}{\Delta_{0i}(k)+0.5\max_i\max_k\Delta_{0i}(k)} \tag{6.21}$$

（6）靶心度

$$\gamma(x_0,x_i)=\frac{1}{n}\sum_{k=1}^{n}\gamma(x_0(k),x_i(k)) \tag{6.22}$$

6.8.2 计算与评价

将水稳指标、低温指标、高温指标、模量指标和疲劳指标组成指标序列，选取 7 组方案组成技术模式序列，其技术性能指标参数如表 6.21 所示。借助加权灰靶理论，进行多指标综合评价，优选出路用性能最佳的技术方案。

技术方案	内聚力 (g/cm²)	TSR（%）	抗裂能 (kPa)	动稳定度 (次/mm)	动态模量（MPa）(10Hz、15℃)	疲劳方程	
						截距 k	斜率 n
普通	137	75.8	0.0207	3053	3786	1.862	3.815
RA-4%	157.6	79.2	0.0455	2687	4444	2.436	3.387
RA-8%	188.4	82.5	0.0599	2133	4598	2.390	3.725
RA-12%	167.8	90.4	0.0719	1475	2432	2.669	3.451
BF	133.6	75.7	0.0144	2723	2475	1.505	3.747
SBR	181.5	77.5	0.0223	3622	3357	2.002	3.668
BRA	231.2	82.4	0.0201	3222	3640	1.715	4.771

乳化沥青冷再生混合料技术性能指标参数　　表 6.21

（1）标准模式计算

当 $k=1$ 时，对应水稳指标，具有最大值极性。

$\omega_0(1)=\max\limits_i\omega_i(1)=\max\limits_i\omega_i(1)=\max(\omega_1(1),\omega_2(1),\cdots\cdots,\omega_7(1))=\max(137,$

$157.6, \cdots\cdots, 231.2) = 231.2$，同理：

当 $k=2$ 时，$\omega_0(2) = \max_i \omega_i(2) = 90.4$；

当 $k=3$ 时，$\omega_0(3) = \max_i \omega_i(3) = 0.0719$；

当 $k=4$ 时，$\omega_0(4) = \max_i \omega_i(4) = 3622$；

当 $k=5$ 时，$\omega_0(5) = \max_i \omega_i(5) = 4598$；

当 $k=6$ 时，$\omega_0(6) = \max_i \omega_i(6) = 2.669$；

当 $k=7$ 时，$\omega_0(7) = \min_i \omega_i(7) = 3.387$。

则标准模式序列：

$$\omega_0 = (\omega_0(1), \omega_0(2), \cdots\cdots, \omega_0(7)) = (231.2, 90.4, \cdots\cdots, 3.387)$$

（2）灰靶变换

$$T\omega_0 = x_0 = (x_0(1), x_0(2), \cdots\cdots, x_0(7)) = (1, 1, \cdots\cdots, 1)$$

$$T\omega_1(1) = \frac{\min\{\omega_1(1), \omega_0(1)\}}{\max\{\omega_1(1), \omega_0(1)\}} = \frac{\min\{137, 231.2\}}{\max\{137, 231.2\}} = 0.593 = x_1(1)$$

同理，$x_1(2) = 0.920$，$x_1(3) = 0.971$，$x_1(4) = 0.948$，$x_1(5) = 0.961$，$x_1(6) = 0.921$，$x_1(7) = 0.800$，则灰靶变换矩阵 $(x_1, x_2, \cdots\cdots, x_7)^T$ 为：

$$\boldsymbol{X} = \begin{bmatrix} 0.593 & 0.682 & 0.815 & 0.726 & 0.578 & 0.785 & 1.000 \\ 0.838 & 0.876 & 0.913 & 1.000 & 0.837 & 0.857 & 0.912 \\ 0.288 & 0.633 & 0.833 & 1.000 & 0.200 & 0.310 & 0.280 \\ 0.843 & 0.742 & 0.589 & 0.407 & 0.752 & 1.000 & 0.890 \\ 0.823 & 0.967 & 1.000 & 0.529 & 0.538 & 0.730 & 0.792 \\ 0.698 & 0.913 & 0.895 & 1.000 & 0.564 & 0.750 & 0.643 \\ 0.888 & 1.000 & 0.926 & 1.000 & 0.904 & 0.923 & 0.710 \end{bmatrix}$$

（3）确定灰关联差异空间

由 $\Delta = \{\Delta_{0i}(k) | i \in I = \{1, 2, \cdots\cdots, m\}, k \in K = \{1, 2, \cdots\cdots, n\}\}$，$\Delta_{0i}(k) = |x_0(k) - x_i(k)| = |1 - x_i(k)|$，则 $(\Delta_{01}, \Delta_{02}, \Delta_{03}, \Delta_{04}, \Delta_{05}. \Delta_{06}, \Delta_{07})^T$ 组成的矩阵为：

$$\boldsymbol{\Delta} = \begin{bmatrix} 0.407 & 0.318 & 0.185 & 0.274 & 0.422 & 0.215 & 0.000 \\ 0.162 & 0.124 & 0.087 & 0.000 & 0.163 & 0.143 & 0.088 \\ 0.712 & 0.367 & 0.167 & 0.000 & 0.800 & 0.690 & 0.720 \\ 0.157 & 0.258 & 0.411 & 0.593 & 0.248 & 0.000 & 0.110 \\ 0.177 & 0.033 & 0.000 & 0.471 & 0.462 & 0.270 & 0.208 \\ 0.302 & 0.087 & 0.105 & 0.000 & 0.436 & 0.250 & 0.357 \\ 0.112 & 0.000 & 0.074 & 0.000 & 0.096 & 0.077 & 0.290 \end{bmatrix}$$

从而得出：

$$\Delta_{0i}(\max) = \max_i \max_k \Delta_{0i}(k) = 0.8,$$

$$\Delta_{0i}(\min) = \min_i \min_k \Delta_{0i}(k) = 0$$

（4）计算靶心系数

$$\gamma(x_0(k), x_i(k)) = \frac{\min_i \min_k \Delta_{0i}(k) + 0.5 \max_i \max_k \Delta_{0i}(k)}{\Delta_{0i}(k) + 0.5 \max_i \max_k \Delta_{0i}(k)}$$

则：

$$\boldsymbol{R} = \begin{bmatrix} 0.495 & 0.557 & 0.684 & 0.593 & 0.487 & 0.650 & 1.000 \\ 0.712 & 0.764 & 0.821 & 1.000 & 0.711 & 0.737 & 0.819 \\ 0.360 & 0.521 & 0.706 & 1.000 & 0.333 & 0.367 & 0.357 \\ 0.718 & 0.608 & 0.493 & 0.403 & 0.617 & 1.000 & 0.784 \\ 0.694 & 0.923 & 1.000 & 0.459 & 0.464 & 0.597 & 0.658 \\ 0.570 & 0.821 & 0.793 & 1.000 & 0.478 & 0.615 & 0.528 \\ 0.781 & 1.000 & 0.845 & 1.000 & 0.806 & 0.839 & 0.580 \end{bmatrix}$$

（5）计算靶心度

由公式：$\gamma(x_0, x_i) = \sum_{k=1}^{n} \alpha_i \gamma(x_0(k), x_i(k))$，其中 α_i 为权重向量，权重向量 $\alpha_i = (0.167, 0.167, 0.167, 0.167, 0.167, 0.083, 0.083)$，则：

$\gamma(x_0, x_1) = 0.610$，$\gamma(x_0, x_2) = 0.714$，$\gamma(x_0, x_3) = 0.754$，$\gamma(x_0, x_4) = 0.743$，$\gamma(x_0, x_5) = 0.543$，$\gamma(x_0, x_6) = 0.681$，$\gamma(x_0, x_7) = 0.696$。

由上可知，靶心度大小排序为：$\gamma(x_0, x_3) > \gamma(x_0, x_4) > \gamma(x_0, x_2) > \gamma(x_0, x_7) > \gamma(x_0, x_6) > \gamma(x_0, x_1) > \gamma(x_0, x_5)$，可以看出混合料中添加再生剂的技术方案最优，且存在最佳用量，其次是添加布敦岩沥青与 SBR 胶乳方式，玄武岩纤维方式对冷再生混合料的综合性能改善不明显，这与前述分析的结论基本一致。

6.9 小结

本章主要探索与分析评价了再生剂、玄武岩纤维、SBR 胶乳及布敦岩沥青 4 种技术手段对乳化沥青冷再生混合料技术性能的影响。

（1）针对再生剂、玄武岩纤维、SBR 胶乳及布敦岩沥青 4 种不同技术手段，研究了其改善内聚力影响，结果表明布敦岩沥青、SBR 胶乳、再生剂提升内聚力明显。再生剂与布敦岩沥青改善水稳性指标显著，添加玄武岩纤维后的混合料冻融残留强度比略有降低。再生剂与 SBR 胶乳对断裂能密度均有提升，随再生剂用量增加断裂能密度增加；添加布敦岩沥青与普通乳化沥青冷再生混合料断裂能密度基本相当。SBR 胶乳改性与布敦岩沥青对高温性能改善明显，添加再生剂与玄武岩纤维后动稳定度降低，再生剂掺量越大，动稳定度下降越大。

（2）根据时温等效原理，确定了 7 类不同乳化沥青冷再生混合料在参考温度 15℃下动态模量主曲线；添加玄武岩纤维、布敦岩沥青以及 SBR 胶乳改性的混合料温度低于 20℃时动态模量均小于普通乳化沥青冷再生混合料，温度高于 20℃时布敦岩沥青改性的动态模量高于普通乳化沥青冷再生混合料。

（3）添加再生剂能显著降低疲劳应力敏感性，增加抗疲劳能力；添加布敦岩沥青及 SBR 胶乳改性的混合料疲劳寿命均高于普通乳化沥青冷再生混合料，SBR 胶乳改性降低了疲劳应力敏感性，提高了抗疲劳能力；添加布敦岩沥青后疲劳寿命受应力影响增大；玄武岩纤维降低了混合料疲劳寿命；根据双参数 Weibull 分布函数建立了乳化沥青冷再生混合料在不同失效概率下的疲劳方程。

（4）针对乳化沥青冷再生混合料性能提升技术方案选择面临的多目标评价问题，从内聚力、水稳定性、高低温性能、动态模量及耐久性等方面建立技术方案评价指标体系，运用灰靶理论对方案进行系统评价，优选了最佳技术方案。结果表明再生剂能明显改善混合料技术性能。

本 章 参 考 文 献

[1] 刘福军. 玄武岩纤维沥青混合料路用性能研究[D]. 哈尔滨：哈尔滨工业大学，2010.

[2] 吴帮伟. 玄武岩纤维增强沥青混合料性能试验研究[D]. 扬州：扬州大学，2013.

[3] 黄昊飞. 布教岩沥青及其混合料性能研究[D]. 吉林：吉林大学，2015.

[4] 李瑞霞，郝培文，王春，等. 布教岩沥青混合料路用性能研究[J]. 武汉理工大学学报，2011，33（9）：50-54.

[5] 吕光印，郝培文，庞立果，等. 沥青混合料半圆弯曲试验力学特性数值分析[J]. 武汉理工大学学报，2008，30（3）：58-60.

[6] 曹晓娟，张振兴，郝培文，等. 多聚磷酸对沥青混合料高低温性能影响研究[J]. 武汉理工大学学报，2014，36（6）：47-53.

[7] 杨大田，朱洪洲. 沥青混合料的半圆弯拉与小梁三点弯拉对比试验[J]. 武汉理工大学学报，2010，34（6）：1224-1226.

[8] 李廉. 废旧轮胎胶粉改性沥青混合料低温与疲劳性能研究[D]. 西安：长安大学，2012.

[9] 侯睿，郭忠印. 硫磺改性沥青混合料的动态模量试验分析[J]. 建筑材料学报，2013，16（3）：525-528.

[10] Yongjoo Kim and Hosin David Lee. Performance Evaluation of Cold In-place Re-cycling Mixtures Using Emulsified Asphalt Based on Dynamic Modulus，Flow Number，Flow Time，and Raveling Loss[J]. KSCE Journal of Civil Engineering，2012，16（4）：568-593.

[11] 汪德才，郝培文，魏新来. 乳化沥青冷再生混合料疲劳性能及影响因素[J]. 北京工业大学学报，2016，42（4）：541-546.

[12] 王之怡，郝培文，柳浩，等. 乳化沥青冷再生混合料疲劳性能研究[J]. 公路交通科技，2015，32（2）：28-32.

[13] 陈定. TLA改性沥青混合料疲劳性能研究[D]. 长沙：长沙理工大学，2008.

[14] 孙杰. 基于应力控制模式下的沥青混合料疲劳开裂预估模型的研究[D]. 广州：华南理工大学，2010.

[15] 黄晓荣，杨兴国，蒋红霞，等. 基于灰靶理论的城市应急供水方案评价研究[J]. 四川大学学报，2010，42（5）：150-154.